Schriftenreihe des Österreichischen Wasserwirtschaftsverbandes — Heft 41

SCHRIFTENREIHE DES
ÖSTERREICHISCHEN WASSERWIRTSCHAFTSVERBANDES

HEFT 41

Analyse des Feststofftriebes
fließender Gewässer

von

Dipl.-Ing. Dr. techn. Eduard Rémy-Berzencovich
Landesoberbaurat und Leiter des Hydrographischen Dienstes in Kärnten

WIEN
SPRINGER-VERLAG
1960

ISBN-13: 978-3-211-80557-2   e-ISBN-13: 978-3-7091-5542-4
DOI: 10.1007/978-3-7091-5542-4

Alle Rechte, insbesondere das der Übersetzung, vorbehalten.
© 1960 by Österr. Wasserwirtschaftsverband, Wien I, Graben 17.

Eigenverlag des Österr. Wasserwirtschaftsverbandes, Wien 1960.
In Kommission bei Springer-Verlag, Wien.

INHALT

Einleitung 7

I. Entwicklung der Geschiebetheorie 8
   Allgemeines 8
   Neuere Geschiebeformeln 9
   Kritik der bisherigen Theorien 13

II. Eine neue Methode zur Ermittlung der Geschiebefracht . . 13
   Die Tendenzlinie 13
   Kritik der Tendenzlinie 14
   Problemstellung 15
   Das Gesetz der großen Zahl und das Fechnersche Prinzip . . 15
   Die Gaußsche Verteilungsfunktion 16
   Das Mischkollektiv 18
   Das Beobachtungsmaterial 19
   Statistische Bearbeitung 20
   Beziehung zwischen Wasserführung und Geschiebetrieb . . 26
   Deutung der Mischtypen und der zweiteiligen Funktion . . 28
   Diskussion der Ergebnisse 36
   Vereinfachte Bestimmung der Geschiebefunktion 37
   Bestimmung der Jahresgeschiebefracht 38

III. Die Anwendung der statistischen Methode auf den Schwebstofftrieb 38
   Allgemeines 38
   Das Beobachtungsmaterial 39
   Beziehung zwischen Schwebstofftrieb und Wasserführung . . 43
   Deutung der Mischtypen 45
   Diskussion der Ergebnisse 47

IV. Ein praktisches Beispiel 48

V. Zusammenfassung und Ausblick 52

Literaturverzeichnis 55

Einleitung

Im Jahre 1955 erhielt der Verfasser als Leiter des Hydrographischen Dienstes in Kärnten den Auftrag, im Rahmen der neu gegründeten „Studienkommission für die Wasserwirtschaft des Gailgebietes" Geschiebe- und Schwebstoffmeßstellen an der Gail einzurichten, weiters das in diesen Profilen gewonnene Beobachtungsmaterial in geeigneter Weise auszuwerten und schließlich die Meßergebnisse den Mitgliedern der Studienkommission in solcher Form vorzulegen, daß der Feststoffhaushalt der Gail nicht nur nach möglichst vielen Gesichtspunkten beurteilt werden kann, sondern vor allem Schlüsse auf seine zukünftige Gestaltung gezogen werden können.

Obwohl sich die ersten zwei Beobachtungsperioden über mehr als eineinhalb Jahre erstreckten, war die Anzahl der gewonnenen Meßwerte — bedingt durch die Besonderheiten des Wasserhaushaltes der Gail — viel zu gering, um die verlangten Aussagen über die Zusammenhänge zwischen Abfluß und Feststofftrieb ableiten zu können. Die sich bei der Auftragung im doppelt logarithmischen System abzeichnenden Beziehungen konnten zwar zur Interpolation fehlender Einzelwerte herangezogen werden, allein die großen Streuungen der wenigen Beobachtungswerte ließen für die betrachteten Flußprofile eine nach herkömmlichen Methoden abgeleitete Aussage über den Feststoffhaushalt erst nach langjährigen Beobachtungen erwarten. Um die hiebei aufzuwendenden großen Kosten für den Meßdienst, vor allem aber um Zeit zu sparen, wurde nach einem Verfahren gesucht, mit dessen Hilfe vollgültige Aussagen aus dem Beobachtungsmaterial kürzerer Zeiträume abgeleitet werden können. Selbstverständlich konnten die Ermittlungen an der Gail wegen ihres geringen Umfanges hiefür nicht als Unterlage dienen, wohl aber die der umsichtig und sorgsam geleiteten Meßstellen an der Enns in der Steiermark. Herr Hofrat Dipl.-Ing. Dr. techn. M o o s b r u g g e r vom steiermärkischen Landesbauamt, dem ich sehr zu Dank verpflichtet bin, stellte mir hiefür in entgegenkommender Weise die Beobachtungsergebnisse der Jahre 1952 bis 1956 der Meßstelle Liezen/Enns zur Verfaügung.

Bei den Bemühungen, aus dem umfangreichen Material Abhängigkeiten zwischen Wasserführung und Feststofftrieb abzuleiten, mußte in erster Linie auf die Möglichkeit einer praktischen Anwendung geachtet werden, denn für den planenden Ingenieur ist es wesentlich, auf möglichst einfache Weise die Auswirkungen seiner Eingriffe in den Feststoffhaushalt eines Gewässers beurteilen zu können. Im Laufe der Untersuchungen mußten daher Wege eingeschlagen werden, die bei der Behandlung des Geschiebetriebes noch nie gegangen wurden und letztlich zu einer einfachen Formel führten, deren Konstanten sich auch aus den wenigen Beobachtungen an der Gail bestimmen ließen und so zur Lösung der gestellten Aufgabe führten.

I. Entwicklung der Geschiebetheorie

Allgemeines

Mit den Feststoffablagerungen der Flüsse beschäftigten sich die Techniker schon seit Jahrhunderten. Bereits L e o n a r d o d a V i n c i (1452—1519) hatte erkannt, daß der natürliche Feststofftransport hauptsächlich durch die Flüsse erfolgt, und war damit Vorläufer aller folgenden Forscher, die das fließende Wasser seiner Feststofftransporte wegen für die Gestaltung der Erdoberfläche verantwortlich machten und in ihre Betrachtungen einbezogen.

Im Jahre 1786 erkannte D u B u a t erstmalig als treibende Kraft des Wassers die in die Bewegungsrichtung fallende Schwerkraftkomponente des Wasserkörpers und setzte hiefür $K = \gamma . R . J$. Mit dieser ursprünglichen Formel hat er als eine das ganze Profil kennzeichnende Größe den hydraulischen Radius mit $R = F/U$ eingeführt [32].

Von D u B o y s — 1879 — stammt erstmalig der Begriff „Schleppkraft" (force d'entrainement), für die er die Formel

$$S = \gamma . t . J$$

aufgestellt hat, worin γ das spezifische Gewicht des Wassers, t dessen Tiefe und J das Spiegelgefälle bedeutet. Die so definierte Schleppkraft mit der Dimension kg/m² entspricht der Schubspannung, welche bei stationärer Bewegung durch die Wassermasse auf die Sohle übertragen wird.

Für den Geschiebetrieb leitete Du Boys daraus die Formel

$$G = \psi . S . (S - S_0)$$

ab, in welcher ψ die von der Form des Geschiebes abhängige Geschiebeabfuhrziffer, S die Schleppkraft und S_0 die Grenzschleppkraft bedeuten.

Die alte Vorstellung von der stationären Fortbewegung des Geschiebes ist aber in keiner Weise mit der bis heute gewonnenen Erkenntnis über den Mechanismus des Geschiebetriebes in Einklang zu bringen. Diese Erkenntnis kommt sehr gut zum Ausdruck in dem Bericht E x n e r s [13], welcher besagt: „Die Geschiebeführung ist nicht stationär und hängt von der Turbulenz der Wasserbewegung ab. Zuerst wird der feinere Sand aufgewirbelt und erst nachdem die Deckschicht eine gewisse Lockerung erfahren hat, fängt das gröbere Geschiebe zu wandern an. Die anfänglich meist rollende Bewegung geht bald ins Hüpfen über."

Weil die Geschiebebewegung außer von morphologischen, geologischen und anderen Gegebenheiten des Wasserlaufes und seines Geschiebes, hauptsächlich vom Gefälle und von der Wassertiefe abhängig ist, könnte sie durch eine Funktion irgend einer hydraulischen Größe, die J und t implizite enthält, ausgedrückt werden, wie zum Beispiel durch eine Funktion der Schleppkraft, der Geschwindigkeit, der Wassermenge usw. oder auch durch eine Kombination derselben. Beiwerte für die Anpassung an den betreffenden Wasserlauf, sein Geschiebe bzw. an das gegebene Profil müßten die Funktion charakterisieren.

Neuere Geschiebeformeln

S c h a f f e r n a k unterzieht die Formel von Du Boys einer Kritik und kommt zu dem Schluß, daß die Geschiebeabfuhrziffer und die Grenzschleppkraft S_0 für ein Geschiebegemisch keine Festwerte sein können, sondern für die einzelnen Korngrößen bestimmt werden müssen. Er stellt deshalb auch den Geschiebebetrieb $G = f_1(v)$ als Funktion der Sohlengeschwindigkeit dar. Die Sohlengeschwindigkeit selbst versucht er als Funktion der Wassertiefe bzw. des Wasserstandes $v_s = f_2(t)$ bzw. $f_3(h)$ darzustellen und somit den Geschiebetrieb als $G = f_4(t)$ bzw. $f_5(h)$. Im Versuchsgerinne konnte diese Funktion als Kurvenschar für verschiedene Korngrößen und Mischungstypen des Geschiebes bestimmt werden, in der Praxis jedoch ist die Beziehung $v_s = f_2(t)$ meist nicht genügend genau herzustellen, weshalb die Ergebnisse oftmals nicht brauchbar sind. S c h o k l i t s c h hat aus Versuchen im Laboratorium die Formel

$$q_0 = \frac{0{,}00001944}{J} \cdot d \; ; \; g = \frac{7000}{d} \cdot J^{3/2} \cdot (q - q_0)$$

entwickelt und damit erstmalig bei einer Geschiebefunktion an Stelle der Schleppkraft den Durchfluß je Sekunde als Argument eingeführt. In den Formeln bedeuten q den Abfluß je Meter Flußbreite in m³/s, q_0 den Grenzabfluß je Meter Flußbreite in m³/s, g den Geschiebetrieb je Meter Flußbreite in kg/s, d den Korndurchmesser in mm und J das Spiegelgefälle in ⁰/₀₀. Die Mischungslinie muß hiebei in Korngruppen unterteilt und die Rechnung sodann für jede dieser Korngruppen mit einem mittleren Korndurchmesser durchgeführt werden. Schoklitsch bestimmt bei einer zweiten Methode für die jeweilige Mischungslinie einen Ersatzdurchmesser so, daß unter sonst gleichen Umständen ebensoviel Geschiebe läuft wie vom Korngemisch.

Obige Geschiebeformeln wurden in der Schweiz an der Hasliaare erprobt [18], wobei die Methode mit Unterteilung der Mischungslinie in einzelne Korngruppen ein von der Wirklichkeit ganz abweichendes Ergebnis zeitigte. Die Ursache dieser Abweichung dürfte darin zu suchen sein, daß das Verhalten des Geschiebes nicht nur von der Korngröße, sondern auch von der Beschaffenheit der umgebenden Sohle abhängt. Bei der zweiten Methode war in der Natur kein Ersatzdurchmesser zu finden, der für alle

Durchflußmengen gepaßt hätte, weil er mit dem Durchfluß stark veränderlich ist.

Eine wichtige Erkenntnis aus den Versuchen von Schoklitsch ist die Gültigkeit des Froud'schen Gesetzes für Geschiebe mit größerem Korndurchmesser als 6 mm. Bei kleinerem Durchmesser macht sich anscheinend der Einfluß der Zähigkeit — Reynold'sches Gesetz — stärker geltend.

Meyer-Peter hat mit Hilfe von Modellversuchen die Formel
$$q^{2/3} \cdot J = a \cdot d + b \cdot g^{2/3}$$
gefunden. Hierin bedeuten g den Geschiebetrieb je Meter Flußbreite in kg/s, q die Wassermenge je Meter Flußbreite in kg(!)/s, J das Energieliniengefälle, d den maßgeblichen Korndurchmesser in m (!), d. h. denjenigen, welcher von 35% des Gemisches unterschritten wird, a und b Konstanten, die von der Form und vom spezifischen Gewicht des Geschiebes abhängen. Diese Formel hat sich an der Hasliaare besser bewährt als die Formel von Schoklitsch. Der Grund dafür dürfte darin zu suchen sein, daß sie außer dem Korndurchmesser d noch zwei Konstanten a und b besitzt, mit denen wahrscheinlich auch andere Gegebenheiten erfaßt werden.

Donat leitet eine Formel aus einem allgemeinen Ansatz für den Geschiebetrieb ab, der mit der mittleren Schleppkraft als Argument
$$G = a + b \cdot s_m + c \cdot s_m^2 + d \cdot s_m^3 + \ldots$$
lautet. Durch Weglassen aller Glieder mit einer höheren Potenz als der zweiten und mit den Randbedingungen: $G = 0$, für $s_m = 0$ und $s_m = s_o$, ergibt sich
$$G = c \cdot s_m \cdot (s - s_o).$$
Dieser Ausdruck gleicht der Formel von Du Boys, wobei c der Geschiebeabfuhrziffer entspricht. Donat nimmt an, daß die mittlere Profilgeschwindigkeit gleich der Sohlengeschwindigkeit ist, und verwendet weiters die Formeln
$v_m = \gamma \cdot R^\mu \cdot J^\nu$ ($\mu = 0{,}75$, $\nu = 0{,}50$) und $s_m = \gamma \cdot R \cdot J$. Nach Einführen von $c_v = c \cdot \gamma^2/\lambda^2$ erhält er schließlich
$$G = \frac{c_v}{R} \cdot v^2 \left(v^2 - v_o^2 \cdot \frac{\lambda^2}{\lambda_o^2} \sqrt{\frac{R}{R_o}} \right).$$

In dieser Formel bedeuten c die Geschiebeabfuhrziffer (Koeffizient der obigen Potenzreihe), $c_v = c \cdot \gamma^2/\lambda^2$, λ den Rauhigkeitsbeiwert der Strickler-Formel, γ das spezifische Gewicht des Wassers, v_m die mittlere Profilgeschwindigkeit, R den Profilradius, v_0 und R_0 die entsprechenden Werte für den Grenzzustand des Geschiebetriebes.

Donat hat aus Versuchen die hinreichende Genauigkeit seiner Formel für verschiedene Mischtypen bestätigt und die Formel Du Boys als gut verwendbare Näherungsformel bezeichnet. Die größten Abweichungen ergeben sich für den Beginn der Geschiebebewegung. Dies dürfte seinen Grund darin haben, daß beim Anlaufen des Geschiebetriebes die einzelnen Korngrößen ständig ihren Anteil am Gemisch und damit auch c und s_0 ändern.

Hans Albert Einstein hat eine neuartige Theorie über den Schwebestoff- und Geschiebetrieb entwickelt [8] und für beide Formeln aufgestellt, die er auf Theorien, Naturbeobachtungen und vielen Laboratoriumsversuchen aufbaut, wobei Schwebestoff- und Geschiebetrieb gesondert behandelt werden.

a) Schwebestoff

Einstein nimmt eine logarithmische Geschwindigkeitsverteilung im Profil an und stellt die Konzentration des Schwebestoffes als Funktion der Wassertiefe und Stärke der Geschiebeschicht dar. Weiters wird der Berechnung eine wellenförmige Bewegung des Wassers und der Schwebstoffteilchen zugrunde gelegt. Einstein wendet nun auf den als stationär betrachteten Schwebstofftrieb mit wellenförmiger Fortbewegung und variabler Konzentration den Impulssatz an und kommt nach Integration über die Tiefe zu einer Gleichung von der Form

$$q_s = 11{,}6 \cdot u \cdot c_a \cdot a \cdot \left\{ 2{,}303 \cdot \log_{10}\left(\frac{30 \cdot 2 \cdot t}{\Delta}\right) \cdot I_1 + I_2 \right\}.$$

Hierin bedeuten u die mittlere Profilgeschwindigkeit, a die Stärke der Geschiebeschichte, c_a die Schwebstoffkonzentration in a über der Sohle, t die Wassertiefe, Δ eine Konstante von der Bettrauhigkeit abhängig, I_1 und I_2 Ausdrücke bestimmter Integrale.

b) Geschiebe

Einstein geht davon aus, daß in Schwemmlandflüssen, die im Gleichgewicht sind, die Anzahl der abgelagerten Geschiebekörner gleicher Art und Größe gleich ist der Anzahl jener, die von der Sohle abgehoben werden. Um zu einer Gleichung für den Geschiebetrieb zu gelangen, ermittelt er Ausdrücke für die abgelagerten und erodierten Körner. Die Rechnung wird für jede Korngruppe separat durchgeführt und der Geschiebetrieb als Summe aller Einzelresultate erhalten. Der Gang der Rechnung ist kurz angedeutet folgender.

1. Für die abgesetzten Körner wird der noch unbekannte Geschiebetrieb Q_g in kg/s in die Formel eingesetzt und ein Ausdruck für die abgelagerte Anzahl einer Korngröße aus ihrem Gewicht ermittelt, wobei der Anteil dieser Korngröße am Gemisch berücksichtigt wird.

2. Für die Bestimmung der Anzahl der erodierten Körner wird vorerst von einer im Flußbett angenommenen Fläche ein dem Kornanteil am Gemisch verhältnisgleicher Teil dieser Fläche im Flußbett ermittelt. Die Anzahl der Körner wird sodann aus der Fläche eines Kornes = $A \cdot D^2$ (A = Konstante aus Versuchen) bestimmt. Da die auf diese Weise errechnete Anzahl — nach Versuchen Einsteins — zu groß sein muß, führt er eine Wahrscheinlichkeit für die berechnete Erosion ein. Durch die Annahme einer Austauschzeit d als erforderliche Zeit für den Austausch eines Kornes durch ein gleichartiges anderes und Ausdrücken derselben durch die Sinkgeschwindigkeit, erhält er eine Gleichung für die eingeführte Wahrscheinlichkeit. Die gleiche Wahrscheinlichkeit wird durch die Hebekraft des Wassers als Funktion der Profilgeschwindigkeit, der wellenförmigen Wasserbewegung, des spezifischen Gewichtes des Geschiebes usw. ausgedrückt.

3. Durch Gleichsetzen beider Ausdrücke für die Wahrscheinlichkeit wird diese eliminiert. Das Gleichsetzen der Formeln für die Anzahl der abgehobenen und erodierten Körner ergibt sodann eine Gleichung, aus welcher der darin implizite enthaltene Geschiebetrieb errechnet werden kann.

Diese Theorie erfordert einen großen Rechenaufwand — für diverse darin vorkommende Parameter und Integralausdrücke werden Tabellen und Graphika benötigt. Außerdem muß die Rechnung für alle auftretenden Korngrößen einzeln durchgeführt werden. Eine praktische Anwendung dürfte kaum in Frage kommen. Weitere Formeln sind [27]

S t r a u b $G = \varphi \cdot \dfrac{J^{1/4}}{k^{1,2}} \cdot Q^{3/5} \cdot (Q^{3/5} - Q_o^{3/5})$

φ = Koeffizient, J = Gefälle, k = Rauhigkeitsbeiwert.

G i l b e r t $G = c \cdot (Q - Q_0) \cdot a$; c = Festwert, $a = 0{,}81 - 1{,}24$

C h a n g $G = K_n / S_o^2 \cdot S \cdot (S - S_o)$; K = Festwert.

V e l i k a n o v $g = \alpha \cdot d_m \cdot (v - v_0)$; $\alpha = f(v)$.

C o n c a r o v $g = A \cdot d_m \cdot (v/v_o)^3 \cdot (d_m/m)^{1/10} \cdot (v - v_o)$.

Nicht unerwähnt bleiben soll in diesem Zusammenhang die Formel von S t e r n b e r g zur Bestimmung des Abriebes der Geschiebekörner, die

$$g = g_o \cdot e^{-as}$$

lautet und auf der Annahme basiert, daß die Gewichtsverminderung des Geschiebes proportional ist dem zurückgelegten Weg, wobei g_0 das Geschiebegewicht zu Beginn der Wanderung, g das Geschiebegewicht nach Zurücklegung der Wegstrecke s und a eine Konstante mit der Dimension km^{-1} bedeuten.

Kritik der bisherigen Theorien

Die angeführte Entwicklung der Geschiebetheorie zeigt, wie sich die Erkenntnis durchgerungen hat, daß die ursprünglich allein angenommene Schleppkraft als Argument des Feststofftriebes auch durch andere geeignete hydraulische Größen ersetzt werden kann. Das Problem aller bisherigen Verfahren war, die für den Feststofftrieb wichtigsten Einflußgrößen herauszufinden und sie dann durch Beiwerte in den Formeln festzuhalten, wie z. B. Art, spezifisches Gewicht, Form und Größe des Geschiebes, Art der Mischungslinie, kennzeichnende Größen für das Flußbett und sein Profil usw. Diese Beiwerte mußten sodann aus Messungen in der Natur oder Versuchen im Laboratorium ermittelt werden.

Da die Meßwerte meist sehr stark streuen und man nicht sicher sein kann, ob die wichtigsten Enflußgrößen formelmäßig festgehalten sind, werden solche Bestimmungen — was sich auch bei der Bewährungsprobe der Formeln meist zeigt — sehr problematisch.

II. Eine neue Methode zur Ermittlung der Geschiebefracht

Die Tendenzlinie

Die vielen Einflußgrößen und die Überschneidung ihrer Einflußnahmen, die zu einer Vielzahl von Formeln geführt haben, von denen keine Allgemeingültigkeit erlangen konnte, drängten den Schluß auf, daß die einzige Möglichkeit, den Geschiebetrieb eines fließenden Gewässers zu bestimmen, darin besteht, daß über einen möglichst langen Zeitraum Beobachtungen in der Natur angestellt werden. Das heißt mit anderen Worten gesagt, daß sich der Zeitraum, für den eine Aussage über den Geschiebetrieb gemacht werden soll, mit dem Beobachtungszeitraum praktisch decken muß. Diesem Gedankengang folgend, wurden in der Steiermark einige Meßstellen an der Enns eingerichtet und die Beobachtungen an fünf Tagen der Woche durchgeführt.

Für die Bestimmung der Jahresgeschiebefracht war diese Verdichtung der Beobachtungen ein ganz gewaltiger Fortschritt, doch machte sich immer noch das Fehlen der Samstag- und Sonntagmeßwerte bemerkbar. Für ihre Ermittlung wurde eine Interpolationsmethode derart entwickelt, daß zunächst alle Meßergebnisse des Beobachtungszeitraumes (in der Regel ein Kalenderjahr) im doppelt-logarithmischen System in Abhängigkeit von der jeweiligen Wasserführung aufgetragen werden. Die so erhaltene Punktmenge zeigt zwar ganz beträchtliche Streuungen, doch läßt sie immerhin einen derartigen Zusammenhang zwischen Durchfluß und Geschiebetrieb erkennen, daß sich eine Schwerlinie einzeichnen läßt. M o o s b r u g g e r interpoliert nun die fehlenden Punkte so, daß er die Verbindungslinie der beiden Nachbarmessungen teilt und von diesen Teilungspunkten aus parallel zur Schwerlinie, die er Tendenzlinie nennt, bis zur Wasserführung des gesuchten Wertes extrapoliert. Selbstverständlich müssen auch Messungen, die bei anderen als der mittleren Tageswasserführung durchgeführt wurden, auf diese Art auf die mittlere Tageswasserführung berichtigt werden.

Kritik der Tendenzlinie

Die beinahe täglichen Messungen des Geschiebe- und Schwebstofftriebes an der Enns ergeben naturgemäß ein der Wirklichkeit sehr nahe kommendes Resultat und sind sicherlich die beste Unterlage für ein Projekt, wenn man auf diese Weise eine längere Jahresreihe erhalten kann. Allerdings wären hiebei noch zwei Umstände zu erwähnen, die das Ergebnis etwas verfälschen können, voraussichtlich aber in Summe nicht ins Gewicht fallen, weil die Fehler in beiden Richtungen liegen. Es sind dies einerseits die Interpolation zwischen stark streuenden Werten mit Beziehung dieser Werte auf die mittlere Tageswasserführung, andererseits die Tendenzlinie an sich.

Zur ersteren wäre nur zu sagen, daß sich im Durchschnitt doch eine recht gute Übereinstimmung mit der Wirklichkeit ergeben dürfte, weil über die Schwerlinie der Punktemenge doch eine gewisse Korrelation mit der Wasserführung erfolgt. Bei der Tendenzlinie, die als Schwerlinie in das doppelt logarithmische System eingelegt ist, wird stillschweigend das geometrische Mittel dem arithmetischen Mittel gleichgesetzt. Dies gilt annähernd jedoch nur so lange, als die relativen Streuungen der einzelnen Meßwerte nicht zu groß werden, weil $\frac{a+b}{2} = \sqrt{a \cdot b}$ streng nur für $a = b$ gilt. Solange die Abbildung der Schwerlinie (Exponentialkurve der Form $a \cdot Q^n$) im doppelt logarithmischen System parallel zur Tendenzlinie bleibt, ist durch die Parallelverschiebung eine exakte Beziehung gegeben. In der Funktion $a \cdot Q^n$ wird hiebei nur das a geändert, während n als Richtung der Tendenzlinie unverändert bleibt.

Es wird meist zutreffen, daß das n aus der Richtung der Tendenzlinie schon eine gute Annäherung für das n der Funktion $a \cdot Q^n$ ist, so daß auch hier keine größeren Fehler durch das Interpolationsverfahren eingeschleppt werden. Dies um so mehr, als nur ein kleiner Teil der Werte interpoliert wird.

Zusammenfassend kann wohl gesagt werden, daß zwar kleinere Lücken in langen Beobachtungsreihen mit Hilfe der Tendenzlinie geschlossen werden können, daß aber die Tendenzlinie als selbständige Methode für die Ableitung einer Aussage über den Geschiebetrieb eines fließenden Gewässers nicht brauchbar ist.

Problemstellung

Sinn und Zweck aller Bestrebungen, sich mathematisch fundierte Einblicke in die Mechanik des Geschiebetriebes zu beschaffen, ist letzten Endes die Notwendigkeit, die Auswirkungen von Eingriffen jeder Art in den natürlichen Fluß in ihren zukünftigen Auswirkungen auf den Geschiebehaushalt abschätzen zu können. Die hiefür erforderlichen Beobachtungsreihen über längere Zeiträume sind in der Regel nicht vorhanden und können auch meist infolge Zeitmangels nicht mehr durchgeführt werden. Darüber hinaus sind Einzelmessungen mit verhältnismäßig großen Streuungen behaftet, so daß die aus ihnen abgeleiteten Beziehungen nur für die zugrunde liegenden Beobachtungen gelten dürfen. Um eine für längere Zeiträume gültige Feststoffbeziehung aufstellen zu können, bedarf es daher einer anderen Vorgangsweise, für die zunächst noch zu klären ist, von welcher Form die Bezugsbasis sein soll.

Bei näherer Betrachtung zeigt sich die unmittelbare Beobachtungsgröße Wasserstand als ungeeignet, weil die Sohle eines geschiebeführenden Gewässers ständigen Umwandlungen unterworfen ist. Anders verhält es sich mit dem Durchfluß. Obwohl dieser mittelbar, nämlich mit Hilfe des Pegelschlüssels, aus den Wasserständen bestimmt wird, ist bei ihm die Unstabilität des Profiles infolge der laufenden Berichtigung der Schlüsselkurve nach Abflußmessungen und Festlegung des Zeitraumes der jeweiligen Gültigkeit eliminiert. Darüber hinaus wird die Ausbaugröße der Regulierungsbauwerke bzw. der Flußkraftwerke nicht in Wasserständen, sondern in Wassermengen festgelegt.

Die zu lösende Aufgabe besteht also darin, eine geeignete Beziehung zwischen Abfluß und Geschiebetrieb derart zu finden, daß Aussagen über den Geschiebetrieb schon nach verhältnismäßig kurzen Beobachtungszeiten, eventuell auch nach Einzelbeobachtungen bei ganz bestimmten Abflußverhältnissen, möglich sind.

Das Gesetz der großen Zahl und das Fechnersche Prinzip

Beim Auftragen der Beobachtungsergebnisse im doppelt logarithmischen System anläßlich der Interpolation fehlender Einzelwerte mit Hilfe der Tendenzlinie, die ja das Bestehen einer Beziehung zwischen Abfluß und Geschiebetrieb eindeutig bestätigt, machten sich die großen Streuungen störend bemerkbar. Sie zeigten dadurch, daß eine Mehrzahl von Einzelkomponenten das Meßergebnis bzw. die Lage der aufgetragenen Punkte im Diagramm beeinflussen und damit besonders im Bereich höherer Werte die Unsicherheit beim Einlegen der Tendenzlinie ganz wesentlich vergrößern. Ähnliche Verhältnisse zeigten sich auch auf Gebieten, in denen die Großzahl dominiert, so zum Beispiel im Hüttenwesen bei der Untersuchung der

Zusammenhänge zwischen den Legierungszusammensetzungen und den mechanischen bzw. technologischen Eigenschaften [3], im Versicherungswesen usw., so daß schließlich die Vermutung entstand, daß man es auch beim Geschiebetrieb mit einem Vorgang zu tun habe, der dem Gesetz der großen Zahl gehorcht und daher mit den Methoden der mathematischen Statistik untersucht werden müsse.

In gleicher Richtung weist auch die Tatsache, daß andere hydraulische Größen statistische Werte sind, wie zum Beispiel die Wassergeschwindigkeit. Bei ihr beobachtet man nur die Resultierende einer turbulenten Bewegung, die sich aus einer Vielzahl von Komponenten zusammensetzt, die uns wegen ihres raschen Ablaufes verborgen bleiben. In weiterer Folge muß dann auch der Abfluß als Funktion des Querschnittes und der Geschwindigkeit eine statistische Größe sein und ebenso die gesuchte Beziehung zwischen Geschiebetrieb und Abfluß. Es führt also auch diese Überlegung zu der Vermutung, daß der Geschiebetrieb dem Gesetz der großen Zahl unterliegt.

Die großen Schwankungen der einzelnen Geschiebemeßergebnisse ließen sich dann zwanglos so erklären, daß sich der Geschiebetrieb durch das Zusammenwirken mehrerer Ursachen ergibt, deren Zusammenspiel veränderlich ist und sich überdies zeitlich in einer anderen Größenordnung abspielt als z. B. das der Komponenten der Wasserbewegung.

Mit Hilfe der Methoden der Großzahlforschung ist es möglich, bei geeigneter Aufspaltung die Auswirkungen ganzer Einflußgruppen zu trennen, ohne die einzelnen Ursachen zu kennen. Man spricht in einem solchen Falle von der Aufspaltung eines Mischkollektivs in seine Teilkollektive. Auf diese Art können etwa die Häufigkeiten von Hochwässern eines Profiles innerhalb eines bestimmten Zeitraumes in zwei oder mehrere Teilkollektive aufgespalten werden, von denen man dann auf Grund eingehender Untersuchungen aussagen kann, daß das eine Teilkollektiv den Hochwässern der Schneeschmelze entspricht, das andere den sommerlichen Hochwässern nach Gewittern und so weiter, ohne im einzelnen zu wissen, wie groß die Schneelage war, oder die Niederschlagsverteilung zu kennen [1].

Um diese Aufspaltung in Teilkollektive auf den Geschiebetrieb anwenden zu können, muß außerdem das Fechnersche Prinzip berücksichtigt werden, das besagt, daß die Häufigkeiten von Meßwerten physischer Erscheinungen sich gut durch das Gaußsche Gesetz darstellen lassen, wenn der Logarithmus dieser Meßwerte genommen wird [4]. Bei der statistischen Bearbeitung der Beobachtungsergebnisse wird daher der Logarithmus der Meßwerte zu nehmen sein.

Die Gaußsche Verteilungsfunktion

Unter Berücksichtigung des Fechnerschen Prinzipes läßt sich die Gaußsche Verteilungsfunktion in einem Achsenkreuz darstellen, auf dessen Ordinate in linearer Verteilung die relative Häufigkeit und auf dessen

Abszisse die Logarithmen der Klassenbreiten aufgetragen werden. Bezeichnet man die Gaußsche Verteilungsfunktion mit V (x) und $e^{-x} = \exp x$ (sprich Exponentielle von x), so lautet die hier anzuwendende Form der Gaußschen Funktion

$$V(x) = A \cdot \exp \frac{(x-a)^2}{2\sigma^2} \qquad (1)$$

Dabei bedeuten x die Abszisse von V (x) in logarithmischen Einheiten, A den Scheitelwert von V (x) in $^0/_{00}$, a seine Abszisse in logarithmischen Einheiten und schließlich σ die Streuung von V (x) ebenfalls in logarithmischen Einheiten. Für die Fläche unter der Gaußschen Verteilungsfunktion ergibt sich

$$A \int_{-\infty}^{+\infty} \exp \frac{(x-a)^2}{2\sigma^2} \, dx = A\sigma\sqrt{2\pi} \qquad (2)$$

Soll eine Funktion graphisch in Gaußsche Normalverteilungen zerlegt werden und soll zu diesem Zwecke V (x) durch einen Punkt mit der relativen Häufigkeit n_i und der Abszisse x_i gehen, so muß die Beziehung gelten

$$n_i = V(x_i) = A \cdot \exp \frac{(x_i-a)^2}{2\sigma^2} \qquad (3)$$

Läßt man — wie dies im folgenden geschehen soll — den Index i der Einfachheit halber weg und logarithmiert beide Seiten, so ergibt sich $\log n = \log A - \frac{(x-a)^2}{2\sigma^2} \cdot \log e$ bzw. $\log \frac{A}{n} = \frac{(x-a)^2}{2\sigma^2} \cdot \log e$ und schließlich

Setzt man $\sqrt{\log \frac{A}{n}} = \frac{x-a}{\sigma} \sqrt{\log \sqrt{e}}$.

$\sqrt{\log \frac{A}{n}} = y$ und $\frac{x-a}{\sigma} \sqrt{\log \sqrt{e}} = r \cdot x + s$, so wird

$$y = r \cdot x + s. \qquad (4)$$

Dies ist die Gleichung einer Geraden mit der Veränderlichen x, mit deren Hilfe die Zerlegung einer gegebenen Funktion $y = \varphi(x)$ graphisch durchgeführt werden kann.

Für die Gerade $y = r \cdot x + s$ gilt

$$y = 0 \quad \ldots \quad \text{für } x = a \qquad (5)$$
$$y = \sqrt{\log \sqrt{e}} = 0{,}467 \quad \ldots \quad \text{für } x = \sigma$$
$$y = \text{positiv} \quad \ldots \quad \text{für } x > a$$
$$y = \text{negativ} \quad \ldots \quad \text{für } x < a$$

a bedeutet wieder die Abszisse des Scheitels und σ die Streuung der gesuchten Gaußkurve.

Das im folgenden ebenfalls benötigte Integral

$$A \int_{-\infty}^{+\infty} 10^x \cdot \exp\frac{(x-a)^2}{2\sigma^2} \cdot dx$$

läßt sich mit $10^x = \exp(-x \cdot \ln 10)$ in der Form

$$A \int_{-\infty}^{+\infty} \exp\left[\frac{(x-a)^2}{2\sigma^2} - x \ln 10\right] \cdot dx$$

schreiben.

Der Exponent läßt sich folgendermaßen umformen:

$$-\frac{(x-a)^2}{2\sigma^2} + x \cdot \ln 10 =$$

$$= -\frac{x^2 + 2x(a+\sigma^2\ln 10) + a^2 + 2a\sigma^2\ln 10 + \sigma^4\ln 10 - 2a\sigma^2\ln 10 - \sigma^4\ln 10}{2\sigma^2} =$$

$$= -\frac{[x-(a+\sigma^2\ln 10)]^2}{2\sigma^2} + \ln 10 \left(a + \frac{\sigma^2}{2}\ln 10\right). \text{ Mit}$$

$$\overline{A} = A \cdot 10^{a+\frac{\sigma^2}{2}\ln 10} \text{ und } \bar{a} = a + \sigma^2 \ln 10 \qquad (6)$$

ergibt sich

$$A \int_{-\infty}^{+\infty} \exp\frac{(x-\bar{a})^2}{2\sigma^2} dx = \overline{A} \sigma \sqrt{2\pi} \qquad (7)$$

also die Fläche einer Gaußkurve $\overline{V}(x)$ mit der gleichen Streuung σ wie die der Gaußkurve $V(x)$ und dem Scheitelwert $\overline{A}$, dessen Abszisse von a nach $\bar{a}$ verschoben ist.

Das Mischkollektiv

Setzt man mehrere Gaußsche Verteilungskurven derart zusammen, daß man ihre Ordinaten addiert, so erhält man das sogenannte Mischkollektiv, dessen Verteilungskurve der Gleichung

$$\Psi(x) = \sum_{k=1}^{n} V_k(x) \qquad (8)$$

genügt, worin k die Nummer der jeweiligen Gaußkurve bedeutet, die zur Zusammensetzung des aus n Teilkollektiven bestehenden Mischkollektivs mitverwendet wurde.

Ähnlich dem Aufbau einer beliebigen Schwingung aus Einzelschwingungen verschiedener Frequenzen und Amplituden kann man auch aus Gaußkurven verschiedener Streuungen σ und verschiedener Scheitelwerte A jedes beliebige Mischkollektiv aufbauen. Es ist deshalb auch — wie schon angedeutet — möglich, durch geeignete Wahl von σ und A ein gegebenes Mischkollektiv in Teilkollektive aufspalten zu können. Zu diesem Zweck ist der

Wertevorrat des Mischkollektivs in Klassen einzuteilen und über den Klassenbreiten, die in unserem Fall unter Berücksichtigung des Fechnerschen Prinzips als Logarithmen der Merkmalsgröße Q_g (Geschiebetrieb in g/s) in Erscheinung treten, die relative Häufigkeit $n_i = N_i : \sum N_i$ als Histogramm (Stufenpolygon) aufzutragen, wobei N_i die absolute Klassenhäufigkeit oder die Anzahl der Meßergebnisse der Klasse i bedeutet. Selbstverständlich muß die Summe aller relativen Klassenhäufigkeiten $\sum n_i = 1,000$ sein.

Bezeichnet man mit F_p die Fläche des Stufenpolygons eines Mischkollektivs, so ist

$$F_p = \Delta x \cdot \sum n_i = \Delta x \qquad (9)$$

Sie muß bei richtiger Zerlegung in Teilkollektive gleich sein der Summe der Einzelflächen unter den Gaußkurven, weshalb gelten muß

$$F_p = \int \Psi(x)\,dx = \sum_{k=1}^{n} \int V_k(x)\,dx \qquad (10).$$

Die Summierung erstreckt sich durchwegs von $-\infty$ bis $+\infty$, doch wird die Angabe dieser Grenzen im folgenden meist weggelassen werden.

Das Beobachtungsmaterial

Wie schon in der Einleitung erwähnt, kommt das in den vom Verfasser eingerichteten Kärntner Meßstellen an der Gail gewonnene Beobachtungsmaterial infolge des geringen Umfanges, der nicht zuletzt in den Besonderheiten des Wasserhaushaltes des untersuchten Flusses begründet ist, für die Entwicklung einer neuen Methode zur Ermittlung des Geschiebehaushaltes in einem Profil eines fließenden Gewässers bzw. für deren Überprüfung nicht in Betracht. Da jedoch die dem Verfasser übertragene Aufgabe die Untersuchung des Geschiebehaushaltes eben dieses Flusses verlangte, wurde, wie dies in der Wasserwirtschaft des öfteren geschieht, nach einem Gewässer ähnlicher Art und ähnlichen Verhaltens gesucht, dessen Geschiebetrieb bereits seit längerer Zeit systematisch beobachtet worden war, um auf dem Vergleichswege dennoch zu gültigen Aussagen kommen zu können.

Gesucht wurde also ein Profil ähnlich dem Hauptmeßprofil der Gail in Rattendorf mit einem Einzugsgebiet von rund 595 km², mit alpinem Charakter, dessen Gebirge sowohl aus Kalk als auch aus Urgestein bestehen und dessen Wasserführung mit in allen Jahreszeiten stark schwankendem Abfluß durch die mittlere Spende von 33,1 ls^{-1}/km² gekennzeichnet ist. Von allen in Betracht kommenden Meßstellen zeigte sich an der steiermärkischen Enns in Liezen die beste Übereinstimmung mit Rattendorf, ist doch der geologische Aufbau ihres Einzugsgebietes — das mit rund 2113 km² allerdings 3½mal so groß ist — ähnlich beschaffen und die mittlere Spende mit 31,3 ls^{-1}/km² nur um etwa 5% kleiner als die der Gail für Rattendorf. Von wesentlicher Bedeutung ist aber der Umstand, daß in beiden Meßprofilen die gleichen Geräte verwendet werden, nach der gleichen Methode beobachtet wird und daß für Liezen/Enns schon eine große Anzahl von Meßergebnissen nach langen Jahresreihen vorhanden ist.

Der an der Enns und an der Gail verwendete Meßkorb wurde auf Grund von Modellversuchen im Geschiebeversuchsgerinne der Technischen Hochschule Karlsruhe geeicht und ist im großen und ganzen ähnlich dem Geschiebefänger von Ehrenberger [33]. Er ist mittels eines sogenannten Vorwärtsseiles gegen Abtrieb gesichert und wird mittels Winde von einer Brücke aus in jeder Meßlotrechten fünfmal je 100 Sekunden lang auf die Flußsohle hinuntergelassen, wobei gleichzeitig der Wasserstand am Profilpegel abgelesen wird. Die so erhaltenen Fanggewichte werden mit den zugehörigen Streifenbreiten (je Meßlotrechte) auf die Gesamtflußbreite umgerechnet und schließlich auf die Zeiteinheit und mittlere Tageswasserführung bezogen. Für die vorliegende Arbeit unterblieb die Umrechnung auf die mittlere Tageswasserführung, weil nur gemessene Werte der Jahre 1952 bis 1956 (insgesamt 895 Wertepaare, bestehend aus Meßwasserführung Q in m³/s und zugehörigem Geschiebetrieb in g/s) verwendet wurden.

Statistische Bearbeitung

Jede Untersuchung einer Zahlenmenge nach dem Gesetz der großen Zahl verlangt eine bestimmte Vorbereitung. Sie besteht in unserem Fall darin, daß zunächst die Meßwerte geordnet und dann nach Q in Gruppen eingeteilt werden. Dabei muß der Gesamtumfang des Kollektivs lückenlos so erfaßt sein, daß die Meßwerte möglichst gleichmäßig aufgeteilt sind und die beiden Extremwerte gerade noch in die Randgruppen fallen.

Die weitere Bearbeitung erfolgt innerhalb der einzelnen Gruppen durch Einteilen des Wertevorrates der Gruppe in Klassen, und zwar wird als Ordnungsmerkmal der Logarithmus des Geschiebetriebes Q_g derart verwendet, daß sich gleich breite Klassen $\Delta \log Q_g = \Delta x$ ergeben. Nachdem die Anzahl der Werte jeder Klasse durch Auszählen ermittelt worden ist, kann die relative Häufigkeit n_i der einzelnen Klassen errechnet werden, indem die Anzahl N_i der in der Klasse i enthaltenen Glieder durch ΣN_i dividiert wird. Mit diesen Werten muß nun über den jeweils zugehörigen Klassenbreiten Δx ein Stufenpolygon (Histogramm) gezeichnet werden, welches das durch die gemessenen Werte gebildete Mischkollektiv darstellt und den Flächeninhalt Δx besitzt, weil in Gleichung (9) der Wert Σn_i 1000⁰/₀₀ bzw. 1,000 ist.

Diesem Stufenpolygon ist nunmehr ein stetiger Linienzug so anzupassen, daß die von ihm und der Abszisse eingeschlossene Fläche gleich ist der Fläche des Stufenpolygons. Dieser Linienzug ist das mit Gl. (8) angegebene $\Psi(x)$, das noch in die einzelnen $V_k(x)$ zerlegt werden muß.

Liezen/Enns. — 895 Geschiebemeßergebnisse aus den Jahren 1952—1956

Q [m³/s]	Q_g [g/s]	1	2	3	4	5	6	7	8	9	10	Summe
10		29,19,13,16	24,13	6,6	5,5,3,5,6,5,5,6,6,6	13,11,10,5,5,6	8,5,5,5	18,16,10	18,28,5,14,19,4	19,17,9,21,19,8,11,19,15,9,10,11	16,14,27,11,1,17	
	ΣN	5	2	2	10	6	4	3	6	12	6	49
	ΣQ_g	92	37	72	54	50	23	44	85	177	98	543
	$\Sigma Q_g \cdot Q$	1932	814	736	756	750	368	748	7530	1960	1960	96.31
20				20,65,57,2	24,13	32,24,11,64,17,35, 24,5,19,5	58,5,2,16,8,41,24 8,57,6,7,5	42,18,11,6,2,16,3, 13,18,34,17,20,8	35,16,2,85,8,3,13, 11,8,8,8,11,13	13,10,18,21,8,2	42,24,11,106,11,3, 13,16,27,32,26, 27,8	
	ΣN		2	4	2	10	12	12	13	6	13	79
	ΣQ_g		37	153	37	246	216	262	221	72	346	1682
	$\Sigma Q_g \cdot Q$		814	3519	888	6150	5516	7074	6188	2088	10580	44649

u. s. w.

Tabelle I

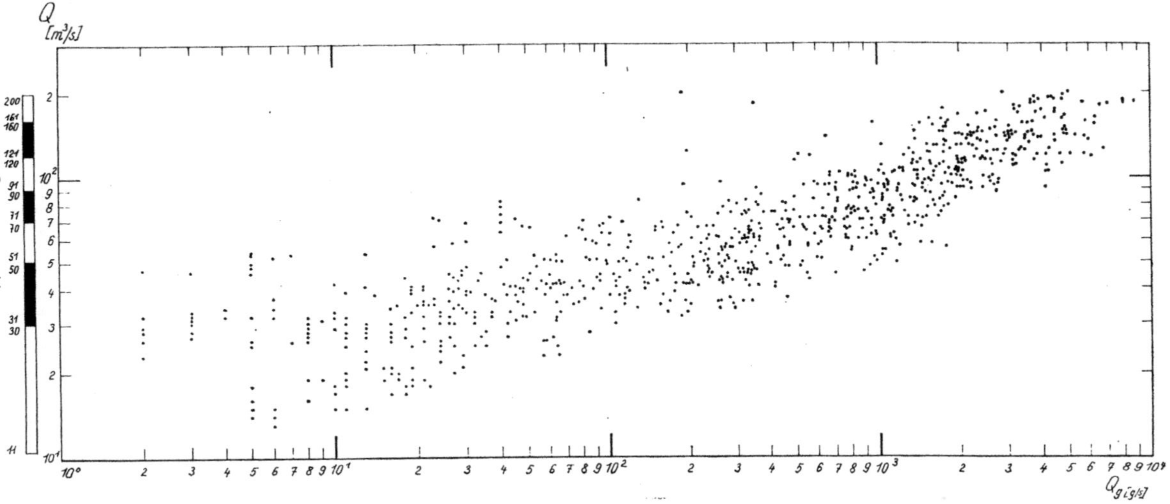

Bild 1

Bei der praktischen Durchführung wurde — wie schon gesagt — der Wertevorrat der Meßstelle Liezen/Enns aus dem Jahre 1952 bis 1956 herangezogen, vorerst geordnet (Tabelle I) und danach in die Gruppen (11—30) m³/s, (31—50) m³/s, (51—70) m³/s, (71—90) m³/s, (91—120) m³/s, (121—160) m³/s und (161—200) m³/s unterteilt (Bild 1). Wie das Beispiel zeigt, sind die einzelnen Gruppenbreiten nicht gleich gewählt, sondern so

Tabelle II
Liezen/Enns 1952—1956
Häufigkeitsverteilung des Geschiebetriebes bei (71—90) m³/s
12 Klassen; $x = 1{,}2 - 3{,}6$ ($x = \log Q_g$); Klassenbreite $\Delta x = 0{,}2$

Q_g in g/s von 16 g/s bis 3981 g/s

Anzahl der Messungen $N = 107$

	Klasse Nr.	1	2	3	4	5	6	7	8	9	10	11	12	
Nr.	x von	1,21	1,41	1,61	1,81	2,01	2,21	2,41	2,61	2,81	3,01	3,21	3,41	
	bis	1,40	1,60	1,80	2,00	2,20	2,40	2,60	2,80	3,00	3,20	3,40	3,60	
	Q_g von	16	26	40	64	101	159	252	399	631	1001	1585	2512	
	bis	25	39	63	100	158	251	398	630	1000	1584	2511	3981	
1		23	0	45	0	102	205	315	557	781	1035	1654	2730	
2				40		131	197	256	520	678	1460	1692		
3				40				288	592	642	1406	1735		
4				40				326	420	631	1482	1804		
5								382	412	805	1060	1616		
6								325	461	830	1135	1588		
7								333	496	705	1030	1680		
8								269	630	920	1390	1920		
9	Meßergebnisse Q_g in g/s							365	461	853	1288	1720		
10								303	451	849	1253	1745		
11								358	588	699	1086	1938		
12								282	495	820	1120	2190		
13								328		778	1127	2405		
14								376		913	1510			
15										700	1100			
16										785	1355			
17										981	1225			
18										720	1030			
19										972	1372			
20										965	1035			
21										720	1320			
22										659	1028			
23										940	1218			
24										965	1030			
25										793	1549			
26										706	1480			
27										841	1085			
28										819	1175			
29										963	1454			
	ΣQ_g	23	0	165	0	233	402	4506	6083	23435	35838	23687	2730	$\Sigma Q_g = 97102$
	N_i	1	0	4	0	2	2	14	12	29	29	13	1	$\Sigma N_i = 107$
	$\frac{N_i}{\Sigma N_i} \cdot 1000$	9	0	37	0	19	19	133	114	273	273	124	9	$\Sigma = 1000$

abgestimmt worden, daß auch im Bereiche größerer Wasserführungen noch genügend Werte zu einer Gruppe gehören. Die weitere Behandlung sei durch das Beispiel der Gruppe (71—90) m³/s gezeigt.

Nachdem der Umfang der Gruppe festgelegt ist, also Kleinstwert, Größtwert und deren Logarithmen ermittelt sind, werden die Klassen so eingeteilt, daß alle Klassenbreiten $\Delta x = \Delta \log Q_g$ gleich groß sind und ihr Wert zwecks Vereinfachung der Rechnung eine runde Zahl — in unserem Fall 0,2 logarithmische Einheiten bei 12 Klassen — wird (Tabelle II). Hierauf folgt die Einordnung der Meßwerte in die einzelnen Klassen und die Bestimmung der Klassenhäufigkeiten N_i sowie der relativen Häufigkeiten n_i innerhalb der Gruppe. Mit den so erhaltenen Tabellenwerten läßt sich das Stufenpolygon der Gruppe zeichnen, das als Grundlage für die folgenden Arbeiten dient (Bild 2). Diese graphische Darstellung läßt in der Regel sofort erkennen, mit wieviel Gaußschen Verteilungskurven, deren Scheitelwerte A_k zunächst geschätzt werden, eine gute Annäherung an das Stufenpolygon erzielt werden kann. Mit Hilfe von Gleichung (4) $y = rx + s$ und den angewendeten Substitutionen lassen sich nunmehr für das geschätzte A_k die y-Werte in den Klassenmitten errechnen. Der Abstand des Schnittpunktes der Ausgleichsgeraden durch die y-Werte mit der Abszissenparallen $y = 0{,}467 = \sqrt{\log \sqrt{e}}$ von der Scheitelordinate a_k ist die dem geschätzten A_k zugehörende Streuung σ_k. Sind so für alle k die Zahlenwerte für A und σ ermittelt, so muß nach den Gleichungen (2) und (8)

$$\sum_{k=1}^{n} V_k(x) = \sum_{k=1}^{n} A_k \sigma_k \sqrt{2\pi} = F_p = \Delta x,$$

also in unserem Falle 0,2 sein.

Die numerische Durchrechnung ergibt:

A_1 geschätzt mit 0,037, $n_1 = 0{,}009$ liefert $y_1 = -\sqrt{\log \dfrac{0{,}037}{0{,}009}} =$

$= -0{,}784$. Unter der Annahme, daß der Scheitel in die Mitte der Klasse 3 zu liegen kommt, ist die Ausgleichsgerade und damit $V_1(x)$ bestimmt mit $A_1 = 0{,}037$, $a_1 = 1{,}70$ und bei 0,467 der Ordinatenteilung ergibt sich als Abschnitt zwischen Scheitelordinate und Ausgleichsgerade $\sigma_1 = 0{,}230$.

A_2 geschätzt mit 0,117, $n_6 = n_8 = 0{,}019$ liefert $y_6 = -0{,}888$ bzw. $y_8 = +0{,}888$. Mit dem Scheitel in der Mitte der Klasse 7 ergibt sich die Ausgleichsgerade und damit $V_2(x)$ mit $A_2 = 0{,}117$, $a_2 = 2{,}50$ und $\sigma_2 = 0{,}100$.

A_3 geschätzt mit 0,273, $n_9 = n_{10} = 0{,}240$, und $n_{11} = 0{,}100$ liefert $y_9 = -0{,}236$, $y_{10} = +0{,}236$ und $y_{11} = +0{,}660$. Der Scheitel kommt in die Trennungslinie der Klassen 9 und 10 zu liegen, womit sich $V_3(x)$ mit $A_3 = 0{,}273$, $a_3 = 3{,}00$ und $\sigma_3 = 0{,}218$ ergibt.

Soferne die getroffenen Annahmen richtig sind, muß sich jetzt für die Summe der Flächen unter $V_k(x)$ die Fläche des Stufenpolygons ergeben.

Da die Probe mit $\sum_{1}^{3} A_k \cdot \sigma_k \sqrt{.2\pi} = (0{,}037 \cdot 0{,}230 + 0{,}017 \cdot 0{,}100 +$
$+ 0{,}273 \cdot 0{,}218) \sqrt{2\pi} = (0{,}0085 + 0{,}0117 + 0{,}0601) \cdot 2{,}507 = 0{,}200$
die Flächengleichheit zwischen dem Stufenpolygon und den drei Gaußkurven ergibt, ist die Zerlegung in die drei Teilkollektive rechnersch richtig.

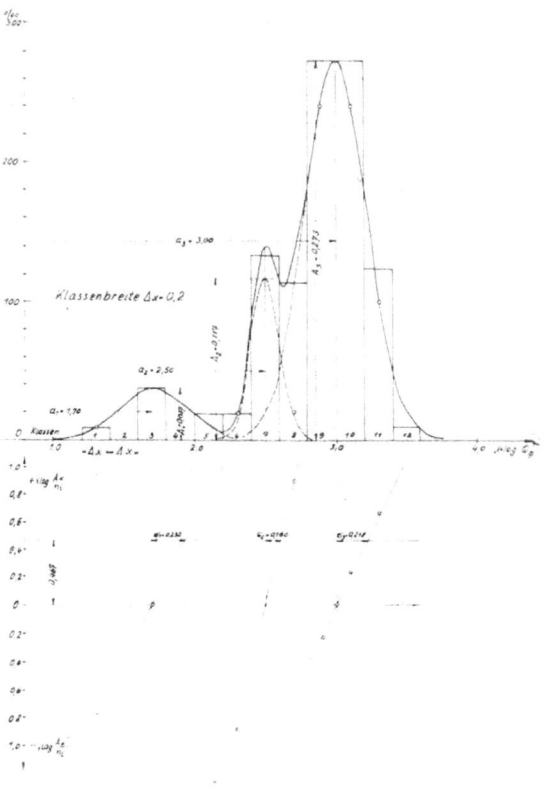

Bild 2

Um beurteilen zu können, wie weit sich die Summenfunktion $\Psi(x)$ dem Stufenpolygon anpaßt, muß sie gezeichnet werden. Hiezu benützt man zweckmäßigerweise Tabelle II, welche die den Abszissen von 0,1 σ bis 3,0 σ zugehörenden Ordinaten für den Zentralwert A = 1,0 enthält. Setzt man x = n . σ, so läßt sich mit der Abszisse des Scheitels als Nullpunkt

$V(x) = A \cdot \exp \dfrac{x^2}{2\sigma^2} = A \cdot \exp \dfrac{n^2}{2}$ schreiben, woraus mit $\exp \dfrac{n^2}{2} = \eta$ die Gaußsche Verteilungsfunktion mit $V(x) = A \cdot \eta$ folgt. Es ist also nur noch das Produkt $A \cdot \eta$ zu bilden und an der betreffenden Stelle aufzutragen.

Tabelle III

n	η	n	η	n	η
0,1	0,9950	1,1	0,5461	2,1	0,1108
0,2	0,9802	1,2	0,4868	2,2	0,0889
0,3	0,9560	1,3	0,4296	2,3	0,0710
0,4	0,9231	1,4	0,3753	2,4	0,0561
0,5	0,8825	1,5	0,3247	2,5	0,0439
0,6	0,8353	1,6	0,2780	2,6	0,0341
0,7	0,7832	1,7	0,2358	2,7	0,0262
0,8	0,7262	1,8	0,1979	2,8	0,0198
0,9	0,6670	1,9	0,1645	2,9	0,0149
1,0	0,6066	2,0	0,1353	3,0	0,0111

Paßt sich die Summenfunktion $\Psi(x)$ dem Stufenpolygon gut an und besteht auch Übereinstimmung zwischen $\int \Psi(x)\,dx$ und $F_p = \Delta x$, so ist durch $\Psi(x)$ die Verteilung aller Werte der Gruppe bzw. deren Häufigkeit gegeben. Infolge dieser Überführung diskreter Meßwerte in eine kontinuierliche Folge (unendlich viele Werte) geht die Häufigkeit in die Wahrscheinlichkeit über. Die Kurve $\Psi(x)$ gibt daher in jedem Punkt $x = \log Q_g$ an, mit welcher Wahrscheinlichkeit dieses Q_g am Gesamtgeschiebetrieb dieser Gruppe beteiligt ist.

Trägt man nunmehr an jeder Stelle $x = i = \log Q_g$ das Produkt $Q \cdot n_i$ auf, so gibt die eingeschlossene Fläche ein Maß für den Geschiebetrieb. Mit $x = \log Q_g$ gilt für die Produkte $Q_g \cdot n_i = 10^x \cdot A \cdot \exp \dfrac{(x-a)^2}{2\sigma^2}$, woraus sich die Fläche unter den Teilkurven des Kollektives nach Gleichung (7) mit $\overline{A}_k \sigma_k \sqrt{2\pi}$ ergibt. Es ist dies die Fläche unter einer Gaußschen Verteilungsfunktion mit der gleichen Streuung wie $V_k(x)$ und dem von a nach $\bar{a}$ verschobenen Scheitelwert $\overline{A}$ nach den Gleichungen (6).

Bei der Bestimmung des mittleren Geschiebetriebes ist noch zu beachten, daß die unter der Verteilungsfunktion $\Psi(x)$ liegende Fläche wegen der Gleichheit mit dem Stufenpolygon den Wert Δx hatte. Sobald jedoch die Funktion $\Psi(x)$ nicht mehr als Häufigkeitskurve, sondern als wahrscheinliche Verteilungskurve betrachtet wird, muß die unter ihr liegende Fläche den Wert 1,0 annehmen, weil ja die Verteilung des Gesamtgeschiebetriebes innerhalb der Gruppe beschrieben werden soll. Damit die Summe der Flächen unter den Teilkollektiven den Wert 1,0 annimmt, muß jedes $V_k(x)$ noch mit dem Faktor $\dfrac{1}{\Delta x}$ vervielfacht werden. Setzt man nunmehr $A' = \dfrac{1}{\Delta x} \cdot A$, so ergibt sich der mittlere Geschiebetrieb MQ_{gk} nach Gleichung (7) mit

$$MQ_{gk} = \sqrt{2\pi}\ A'_k\ \sigma_k \qquad (11),$$

wobei nach Gleichung (6) $A'_k = \dfrac{1}{\Delta x} \cdot A_k \cdot 10^{a + \frac{\sigma^2}{2}\ln 10}$ ist (Bild 3).

Bei der Bearbeitung der Gruppe (71—90) m³/s standen insgesamt 107 Meßwerte mit einem durchschnittlichen Geschiebetrieb von 97.102 : 107 = = rund 907,5 g/s zur Verfügung. Die Errechnung des mittleren Geschiebetriebes MQ_g mit Hilfe der Aufspaltung in drei Teilkollektive ergab 899,94 g/s (Tabelle IV). Die geringe Abweichung von weniger als 1% läßt erkennen, daß die Gaußschen Verteilungsfunktionen genügend genau an das Stufenpolygon angepaßt wurden.

Tabelle IV

Teil-kurve	A_k ⁰/₀₀	a_k Abszissen-Einheiten	σ_k	A'_k x^{-1}. g/s	MQ_{gk} g/s	MQ_g g/s
1	0,037	1,700	0,230	10,66	6,15	
2	0,117	2,500	0,100	189,96	47,62	899,94
3	0,273	3,000	0,218	1548,26	846,17	

Um die auf diese Weise für alle Gruppen erhaltenen Werte von MQ_g (Tabelle V) auftragen zu können, muß noch die zugehörige Durchflußmenge bestimmt werden. Zu diesem Zweck wird das „gewogene Mittel" der Durchflußmenge jeder Gruppe so berechnet, daß jede Durchflußmenge Q die ihr zugehörenden Meßergebnisse Q_g als Gewicht erhält. Es wird dann

$$Q_m = \dfrac{\Sigma(Q_g \cdot Q)}{\Sigma Q_g} \qquad (12).$$

Die gemessenen Werte Q_g sind in Tabelle I mit den zugehörenden Durchflüssen zusammengestellt und die daraus errechneten Q_m in Tabelle V eingetragen.

Beziehung zwischen Wasserführung und Geschiebetrieb

Die Auftragung der Meßwerte für das Einzeichnen der Tendenzlinie zeigte schon, daß eine Beziehung zwischen Wasserführung und Geschiebetrieb bestehen muß. Sie ließ aber auch vermuten, daß diese Beziehung die Form $y = a \cdot x^b$ haben könnte. Die Einzeichnung der Punkte (Q_m, MQ_g)

Bild 3

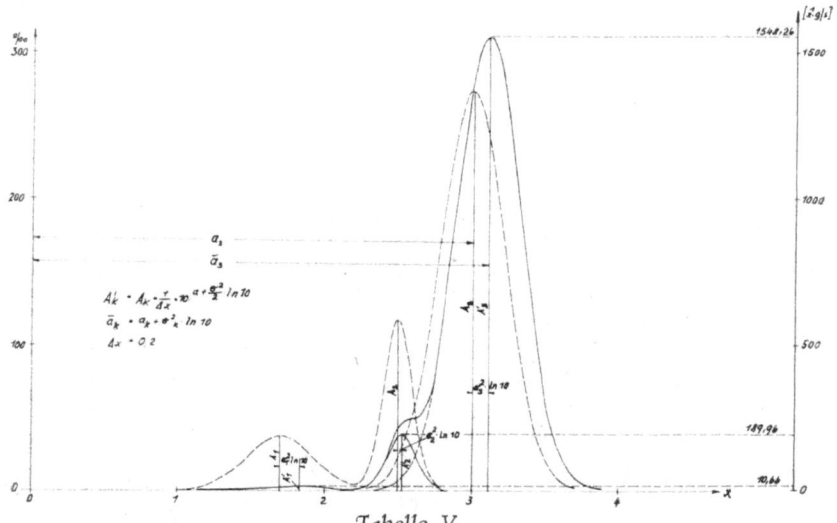

Tabelle V
Liezen/Enns 1952—1956

Wertepaare (MQ_g, Q_m) für die Bestimmung der Geschiebefunktion

Gruppe	Anzahl der Messungen	Teil-kurve $V_i(x)$	A_i	a_i	σ_i	A'_i	$MQ_{gi} = A_i \sigma_i \sqrt{2\pi}$	$MQ_g = \Sigma MQ_{gi}$	$Q_m = \frac{[Q_g \cdot Q]}{[Q_g]}$	MQ_{gi} in % von MQ_g
m^3/s	N	i =	‰	Abszissen Einheiten		$x^{-1}.g/s$	g/s		m^3/s	
11-30	128	1	29	0,300	0,061	0,29	0,04	19,56	24,4	0,2
		2	140	0,700	0,061	3,54	0,54			2,8
		3	230	1,233	0,302	25,04	18,96			97,0
31-50	138	1	60	0,700	0,200	1,67	0,84	140,71	43,4	0,6
		2	140	1,600	0,250	32,88	20,61			14,6
		3	140	2,400	0,234	203,30	119,26			84,8
51-70	161	1	20	0,700	0,160	0,53	0,22	424,91	61,5	0,05
		2	90	1,900	0,180	38,95	17,58			4,2
		3	180	2,600	0,336	483,30	407,11			95,75
71-90	107	1	37	1,700	0,230	10,66	6,15	899,94	80,3	0,7
		2	117	2,500	0,100	189,96	47,62			5,3
		3	273	3,000	0,218	1548,26	846,17			94,0
91-120	130	1	48	2,700	0,125	123,51	38,71	1729,04	106,8	2,2
		2	320	3,200	0,230	2931,96	1690,33			97,8
121-160	95	1	10	2,300	0,180	10,87	4,91	2735,58	139,9	0,02
		2	390	3,400	0,200	5446,09	2730,67			99,98
161-200	36	1	31	2,400	0,090	39,77	8,98	4357,42	187,3	0,02
		2	430	3,617	0,179	9690,05	4348,44			99,98

im doppelt logarithmischen System führte zunächst auf eine nach rechts gekrümmte Kurve, die sich durch Abziehen eines konstanten Wertes Q_0 in zwei Geraden verwandeln läßt (Bild 4), so daß sich für die Geraden $y = a + bx$ die Gleichung in der Form $\log Q_g = \log a + n \log (Q-Q_0) = \log a (Q-Q_0)^n$ schreiben läßt. Die Beziehung zwischen Wasserführung und Geschiebetrieb lautet daher

$$Q_g = a (Q - Q_0)^n \qquad (13)$$

Für das Profil Liezen/Enns ergab sich das Q_0 nach mehrmaligen Versuchen mit 12,0 m³/s und stimmt nach Tabelle I mit der Wassermenge zusammen, bei der kein Geschiebetrieb mehr stattfindet, denn die kleinste Wasserführung, bei der noch Geschiebe gefangen werden konnte, war 13 m³/s.

Gleicht man die Wertepaare (Q_m, MQ_g) aus Tabelle V nach der Methode der kleinsten Quadrate aus, so erhält man
für 12,0 m³/s $< Q \leq$ 100,9 m³/s . . . . . $Q_g = 0{,}067 \, (Q-12{,}0)^{2,244}$
für $Q \geq$ 100,9 m³/s . . . . . $Q_g = 1{,}852 \, (Q-12{,}0)^{1,503}$.
Die Übereinstimmung der errechneten Funktion mit den der Ausgleichsrechnung zugrunde liegenden Werten (Q_m, MQ_g) kann mit Hilfe des Korrelationskoeffizienten beurteilt werden. Nach P e a r s o n hat er den Wert

$$r = \sqrt{1 - \frac{\Sigma \lambda_i^2}{\Sigma y^2}} \qquad (14)$$

mit $y = f(x)$, wobei $y = Q_g$ und $x = Q$ ist und $\lambda_i = y_i - f(x) = MQ_{gi} - f(Q_{mi})$, wobei $i = 1, 2, \ldots 7$, also die Gruppennummer bedeutet. Für die sieben Wertepaare (MQ_g, Q_m) der Tabelle V ergibt sich ein Korrelationskoeffizient von $r = 0{,}999978$, also praktisch ein funktioneller Zusammenhang.

Deutung der Mischtypen und der zweiteiligen Funktion

Bei der Aufspaltung der Stufenpolygone in Gaußsche Normalverteilungen hat sich gezeigt, daß für das Profil Liezen/Enns schon mit zwei bis drei Teilkollektiven eine genügend genaue Anpassung erzielt werden konnte. Es darf somit geschlossen werden, daß nur zwei bis drei Einflußgrößen oder allenfalls zwei bis drei Kombinationen von ihnen auf den Geschiebetrieb einen merkbaren Einfluß ausüben. Welcher Art diese Einflüsse sind, wird noch gezeigt werden, doch seien vorerst noch einige Beobachtungen in der Natur kurz erwähnt.

Wenn nach einer Periode der Ruhe mit zunehmender Wasserführung der Geschiebetrieb wieder einsetzt, spielt sich das in der Form ab, daß zuerst das feine Verkittungsmaterial der Sohlpflasterung in Bewegung kommt und so nach und nach größere Geschiebekörner freigelegt und schließlich fortbewegt werden. Mit zunehmendem Durchfluß wird die Flußsohle immer mehr und mehr aufgewühlt und Geschiebematerial mit immer gröber werdendem Kornanteil in den Trieb eingereiht. Bei höherer Wasserführung wird gleichzeitig gröberes Material von mehr kugeliger Form auf Schotterbänken

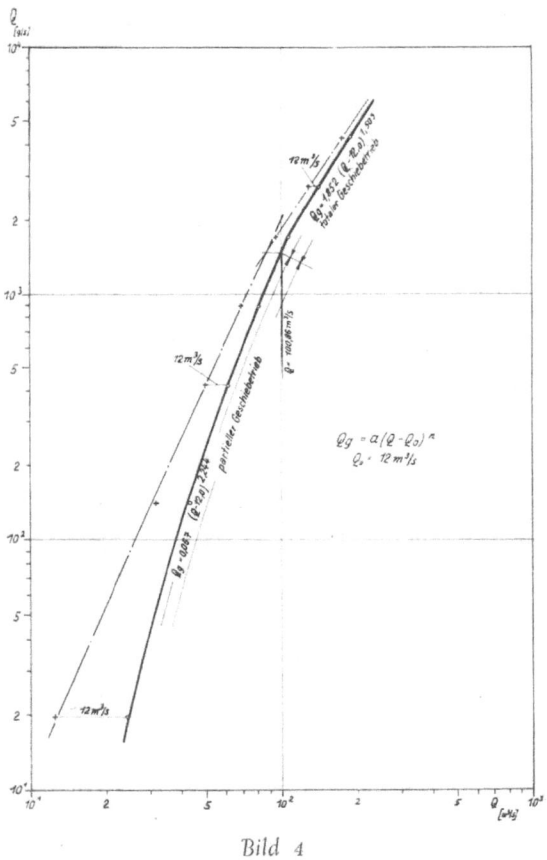

Bild 4

und Geschiebedeponien ausgeworfen und im Verlaufe der abnehmenden Flutwelle mit immer feiner werdenden Mischungen abgedeckt. Im Flußbett selbst verbleibt hauptsächlich das flachere Geschiebe, das die Sohlenabpflasterung bildet, die schließlich mit feinem Material verkittet wird.

Nach dem Gesagten ist es nicht verwunderlich, daß die Intensität des Geschiebetriebes nicht nur von der jeweiligen Wasserführung, sondern vor allem vom vorhergehenden Zustand der Sohle abhängig ist. Würde man aus der Ganglinie des Durchflusses alle steigenden, beharrenden und fallenden Teile eventuell noch unterteilt nach dem Zustand der Flußsohle aussondern und getrennt einer statistischen Bearbeitung unterziehen, so könnte man eventuell auf diesem Wege die Teilkollektive deuten. Angesichts des bereits vorliegenden Materials ist es jedoch einfacher, die Deutung unter Zuhilfenahme der Siebergebnisse innerhalb der einzelnen Gruppen zu versuchen.

Aus dem Beobachtungsmaterial wurden daher aufgeschlüsselt nach Gruppen und Klassen die Kornverteilungen für alle zu einer Klasse gehörenden Messungen errechnet (Tabelle VI) und hernach der Mischkollektivaufteilung synoptisch zugeordnet.

Der im folgenden mehrfach genannte Schwankungsbereich S umfaßt hiebei den Bereich a $\pm$ 3 σ, weil bei der Normalverteilung 99,7% aller möglichen Fälle zwischen a — 3 σ und a + 3 σ zu liegen kommen, womit praktisch die gesamte zu erwartende Streuung erfaßt ist.

1. Gruppe (11 — 30) m³/s

Wie aus Bild 5 ersichtlich ist, läßt sich das Mischkollektiv in drei Teilkollektive aufspalten. Seine Besonderheit ist dadurch begründet, daß in diese Gruppe der beginnende Geschiebetrieb fällt.

a) Type 1

Diese Type kennzeichnet einen schwachen Anstieg der Wasserführung bei abgepflasterter Sohle, welcher hauptsächlich im Frühjahr oder Herbst nach länger andauerndem Niederwasser vorkommt. Die Kornverteilung zeigt, daß hauptsächlich die feinen Kornklassen (7—15) mm und (15—30) mm am Geschiebetrieb beteiligt sind, also die im Bettmaterial am häufigsten vorkommenden Sorten, welche auf der Pflasterung lose liegen blieben oder aus deren Verkittung stammen.

Statistische Werte (aus Tabelle V):

Zentralwert	a_1 = log. Q_g = 0,300	Q_g = 2 g/s
Streuung	$a_1 \pm \sigma_1$ = 0,300 $\pm$ 0,061	Q_g = (1,7 — 2,3) g/s
Schwankungsbereich		
S =	$a_1 \pm 3\sigma_1$ = 0,300 $\pm$ 0,183	Q_g = (1,3 — 3,0) g/s

b) Type 2

Zu dieser Gruppe gehört das Absinken der Wasserführung unter die obere Gruppengrenze von 30 m³/s, ohne daß beim vorhergehenden Anstieg der Wasserführung die Sohlenpflasterung nennenswert aufgerissen worden wäre. Es wird hauptsächlich das feinere Material ausgewaschen, so daß vornehmlich die Kornklassen (7—15) mm und (3—7) mm am Geschiebetrieb beteiligt sind. Das beginnende Aufreißen der Sohle zeigt sich durch teilweises Auftreten der Korngrößen (30—50) mm.

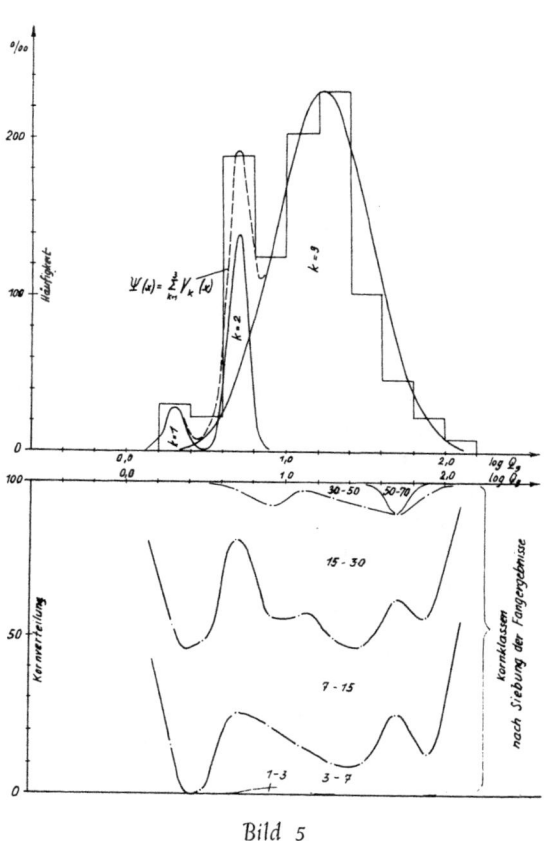

Bild 5

Tabelle VI
Liezen/Enns 1952—1956
Kornverteilung innerhalb der
Gruppen und Klassen

Statistische Werte:
$a_2 = 0{,}700$ $\qquad Q_g = 5$ g/s
$a_2 \pm \sigma_2 = 0{,}700 \pm 0{,}061$ $\qquad Q_g = (4\text{---}6)$ g/s
$S = 0{,}700 \pm 0{,}183$ $\qquad Q_g = (3\text{---}8)$ g/s

c) *Type 3*

Diese Gruppe entsteht, wenn das Abklingen einer Hochwasserwelle die Gruppengrenze von 30 m³/s unterschreitet. In diesem Falle hat das Hochwasser die Sohlenpflasterung bereits aufgerissen, so daß bei hoher Wasserführung bereits voller Geschiebetrieb stattgefunden haben dürfte. Beim Absinken der Flutwelle auf Q = 30 m³/s hat dann die Abpflasterung der Sohle schon wieder begonnen. Hauptbeteiligt sind die Kornklassen (7—15) mm und (15—30) mm, aber auch größeres Material (30—50) mm und (50—70) mm ist noch in geringem Ausmaß in Bewegung.

Statistische Werte:
$a_3 = 1{,}233$ $\qquad Q_g = 17$ g/s
$a_3 \pm \sigma_3 = 1{,}233 \pm 0{,}302$ $\qquad Q_g = (9\text{---}35)$ g/s
$S = 1{,}233 \pm 0{,}906$ $\qquad Q_g = (2\text{---}138)$ g/s

Zusammenfassend gilt für die Gruppe (11—30) m³/s, daß Type 1 den Geschiebetrieb bei ansteigender Wasserführung und nicht aufgerissener Sohle, Type 2 den Geschiebetrieb beim Absinken der Wasserführung nach vorhergegangenem schwächerem Anstieg ohne nennenswertes Aufreißen der Sohle und Type 3 den Geschiebetrieb beim Absinken des Durchflusses nach vorhergehendem kräftigem Anstieg, der die Sohlenpflasterung bereits aufgerissen hat, darstellen.

2. Gruppe (71—90) m³/s

Das Steigen und Fallen in dieser Gruppe (Bild 6) erfolgt meist schon bei aufgerissener Sohlenpflasterung. Nur ein sehr rasches Ansteigen und Absinken der Wasserführung kann die Sohle noch zum Teil unberührt lassen.

a) *Type 1*

Sie kennzeichnet den Geschiebetrieb bei raschem Anstieg der Flutwelle mit noch teilweise intakter Flußsohle. Hauptbeteiligt ist hiebei die Kornklasse (30—50) mm, doch kommen außerdem noch (7—15) mm und (15—30) mm vor. Man sieht, daß das feinere Material (Verkittung der Pflasterung) bereits zum Großteil abgetrieben ist und das feinere Bettmaterial den Geschiebetrieb bildet.

Statistische Werte:
$a_1 = 1{,}700$ $\qquad Q_g = 50$ g/s
$a_1 \pm \sigma_1 = 1{,}700 \pm 0{,}230$ $\qquad Q_g = (30\text{---}85)$ g/s
$S = 1{,}700 \pm 0{,}690$ $\qquad Q_g = (10\text{---}245)$ g/s

b) Type 2

Wie Type 1, jedoch ist die Sohle schon stärker aufgerissen, so daß schon alle Korngrößen von 1 mm bis 100 mm am Geschiebetrieb beteiligt sind. Ein Vergleich mit Bild 9 zeigt, daß die Mischung feiner ist als es dem vollen Geschiebetrieb entsprechen würde.

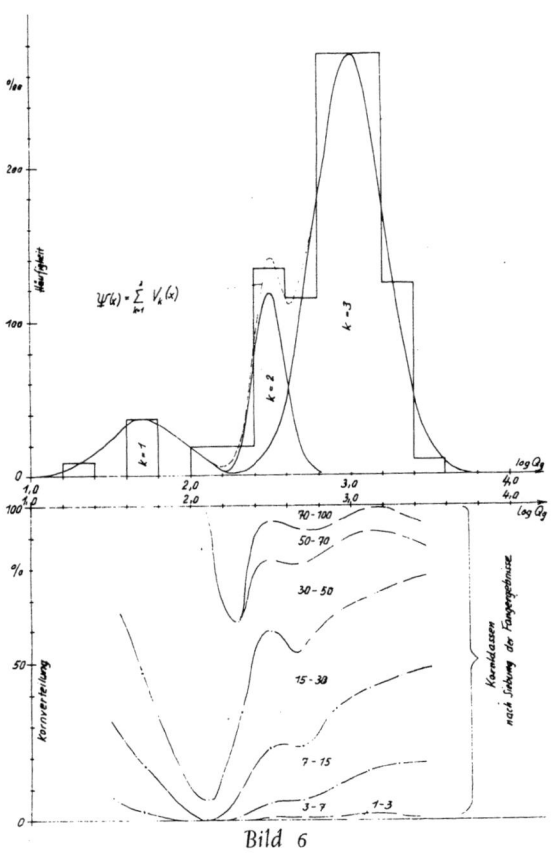

Bild 6

Statistische Werte:

$a_2 = 2{,}500$ $\qquad Q_g = 316$ g/s

$a_2 \pm \sigma_2 = 2{,}500 \pm 0{,}100$ $\qquad Q_g = (251\text{—}398)$ g/s

$S = 2{,}500 \pm 0{,}300$ $\qquad Q_g = (159\text{—}631)$ g/s

c) *Type 3*

Wie aus dem Vergleich mit Bild 9 zu ersehen ist, entspricht der Anteil der Kornklassen am Geschiebe schon ziemlich genau der Verteilung in der Mischungslinie für vollen Geschiebetrieb. Es zeigt dies, daß schon voller Geschiebetrieb herrscht. Er stellt sich infolge des starken Anstieges der Flut-

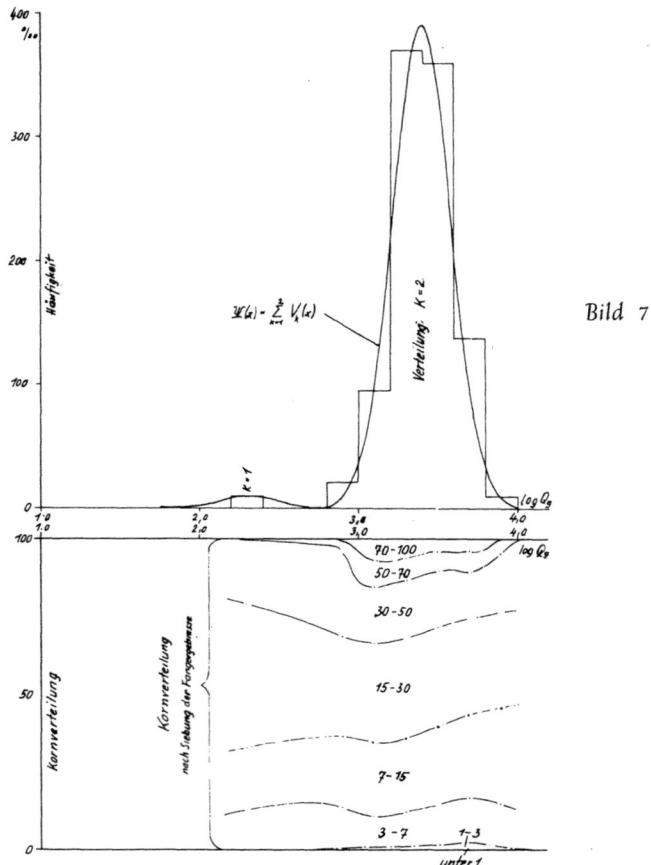

Bild 7

welle über die Gruppengrenze von 71 m³/s hinaus ein und bleibt beim Fallen der Flutwelle unter diese Grenze noch bestehen.

Statistische Werte:

$a_3 = 3{,}000$ $\qquad Q_g = 1000$ g/s
$a_3 \pm \sigma_3 = 3{,}000 \pm 0{,}218$ $\qquad Q_g = (605—1652)$ g/s
$S = 3{,}000 \pm 0{,}654$ $\qquad Q_g = (223—4477)$ g/s

3. Gruppe (121—160) m³/s

a) Type 1

Diese Type ist nur mit 2⁰/₀₀ am Geschiebetrieb der Gruppe (Bild 7) beteiligt und ist aus einem besonders stark streuenden Fangergebnis dieser Gruppe entstanden. Es dürfte ihr praktisch keine Bedeutung zukommen.

b) Type 2

Diese Type kennzeichnet den Geschiebetrieb der Gruppe bei steigender und fallender Wasserführung, da eine dritte Type fehlt. In der Umgebung

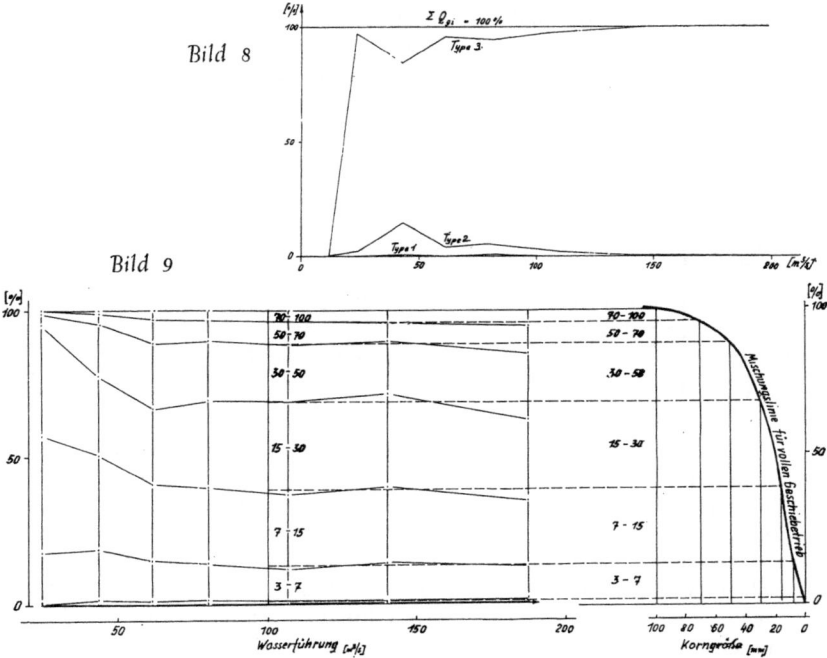

Bild 8

Bild 9

des Zentralwertes der Normalverteilung entspricht der Anteil der Kornklassen schon jenem in der Mischungslinie des Bettmateriales, womit sich zeigt, daß schon voller Geschiebetrieb herrscht. Beiderseits des Zentralwertes verfeinert sich das Geschiebematerial, was offenbar dem Abtransport des noch in den Schotterbänken lagernden feineren Materials entspricht.

Statistische Werte:

$a_2 = 3{,}400$ $\qquad Q_g = 2512$ g/s
$a_2 \pm \sigma_2 = 3{,}400 \pm 0{,}200$ $\qquad Q_g = (1585\text{—}3981)$ g/s
$S = 3{,}400 \pm 0{,}600$ $\qquad Q_g = (631\text{—}10000)$ g/s

Die vorstehend nur an drei ausgewählten Gruppen gezeigte Deutung der Mischtypen gibt einen Einblick in den Mechanismus des Geschiebetriebes und läßt erkennen, daß in jeder Gruppe eine Type vorherrscht. Die anderen Typen ergeben sich aus Spezialfällen mit meist steigender Wasserführung, wobei noch der Zustand der Sohlenpflasterung eine Rolle spielt.

Um für alle Gruppen den Anteil der einzelnen Typen klar ersichtlich zu machen, ist im Bild 8 der Gruppenaufbau in Bandform dargestellt worden. Man ersieht daraus, daß der Anteil der Nebentypen auf ein Maximum ansteigt, um dann bei höherer Wasserführung praktisch zu verschwinden. Das Ansteigen dürfte so lange dauern, bis das oberhalb der Pflasterung lagernde feinere Material und die Verkittung der Pflasterung abgeführt sind.

Damit ist aber auch eine Erklärung für die zweiteilige Funktion des Geschiebetriebes gefunden, denn der Schnittpunkt der beiden Kurvenäste liegt bei der gleichen Wasserführung, bei der die Type zu fehlen beginnt,

Tabelle VII
Liezen/Enns 1952—1956
Mischungslinie für vollen Geschiebetrieb. Gesamtgewicht $\Sigma G = 1895{,}9$ kg

Kornklasse in mm	1<	1-3	3-7	7-15	15-30	30-50	50-70	70-100	>100
Gewicht in kg	4,0	31,6	205,2	405,2	530,4	420,9	183,9	97,2	17,5
% von ΣG	0,2	1,7	10,8	21,4	28,0	22,2	9,7	5,1	0,9
Σ %	0,2	1,9	12,7	34,1	62,1	84,3	94,0	99,1	100,0

in welcher die Sohle entweder noch intakt oder aber zumindest noch nicht ganz aufgerissen ist. Aus Bild 9, in dem die Mischungslinie für vollen Geschiebetrieb (Tabelle VII) dem Mischungsband (über der Wasserführung) synoptisch gegenübergestellt ist, läßt sich erkennen, daß bei Wasserführungen unter 100,9 m³/s die Kornzusammensetzung noch nicht der Mischungslinie für vollen Geschiebetrieb entspricht. Die Erklärung kann daher nur lauten, daß der Geschiebetrieb unterhalb des Schnittpunktes, also bei Wasserführungen unter 100,9 m³/s, partiell ist und erst bei Abflüssen von mehr als 100,9 m³/s bzw. oberhalb des Knickpunktes total wird. Die Wasserführung im Schnittpunkt der beiden Kurvenäste soll deshalb als Grenzwasserführung Q_{gr} bezeichnet werden.

Diskussion der Ergebnisse

Bei der Auswertung der Geschiebebeobachtungen mit Hilfe statistischer Methoden zeigt sich ein überraschend straffer Zusammenhang zwischen Wasserführung und Geschiebetrieb. Die hiebei angewendeten Verfahren ermöglichen einen tieferen Einblick in den Mechanismus des Geschiebetriebes als bisher und vermitteln Erkenntnisse, die man sehr nützlich bei der

Bearbeitung von Profilen mit wenig Beobachtungsmaterial anwenden kann.

Die aus der Gesamtauswertung und der Deutung der Mischtypen gewonnenen Erkenntnisse können wie folgt zusammengefaßt werden:

1. Die allgemeine Form der Geschiebefunktion lautet $Q_g = a \cdot (Q - Q_0)^n$

2. Q_0 bedeutet den Abfluß, bei welchem kein Geschiebetrieb mehr stattfindet und ergibt sich im logarithmischen Maßstab als jene Wassermenge, die bei der Auftragung der statistischen Auswertungen von den Q-Werten abgezogen werden muß, damit sich die beiden Äste der Kurve, welche die aufgetragenen Punkte verbindet, in zwei Geraden auflösen.

3. Der Schnittpunkt der zwei Kurvenäste gibt die Grenzwasserführung Q_{gr}, als Grenze zwischen partiellem und totalem Geschiebetrieb.

4. Der Exponent n dürfte vom Längenprofil des Flußlaufes sowie von der Mischungslinie des Geschiebes und dessen petrographischer Zusammensetzung abhängig sein. Er nimmt mit der Erreichung des totalen Geschiebetriebes ab und vermindert sich wahrscheinlich noch einmal bei großer Wasserführung, so daß er sich dann dem Wert 1,0 nähern dürfte. In diesem Falle hätte die Geschiebefunktion die Form $Q_g = a \cdot (Q - Q_0)$, was der Formel von G i l b e r t mit $Q_g = C \cdot a (Q - Q_0)$ bzw. der von S c h o k l i t s c h

$$Q_g = \frac{7000}{d} \cdot J^{3/2} \cdot (q - q_0)$$ entspräche, wenn in letzterer für a der

Koeffizient $\frac{7000}{d} \cdot J^{3/2}$ gesetzt wird.

Die statistische Auswertung kommt somit im Sonderfall nahe an schon bestehende Formeln heran. Sie hat gegenüber letzteren jedoch den Vorteil, daß sie aus einer großen Zahl von Messungen über längere Zeiträume entwickelt wurde, somit statistisch umfangreich gesichert erscheint und daher auch für Auswertungen über größere Zeiträume gilt, was für Projektsunterlagen auch in der Regel erforderlich ist.

Vereinfachte Bestimmung der Geschiebefunktion

Zur Ermittlung der Geschiebefunktion mußte der gesamte Wertevorrat in Gruppen und innerhalb dieser in Klassen zerlegt werden, weiters mußten die relativen Häufigkeiten bestimmt und schließlich das danach gezeichnete Stufenpolygon durch die Summenfunktion $\Psi(x)$ ausgeglichen werden. Erst durch Vervielfachung dieser Funktionswerte mit dem zugehörigen Q_g und dem Umrechnungsfaktor $1/\Delta x$, sowie durch Integrieren der Fläche ergab sich der mittlere Geschiebetrieb MQ_g der Gruppe. Dieser umständliche Weg war erforderlich, um über den Mechanismus des Geschiebetriebes bzw. über die Anwendbarkeit der statistischen Methode Klarheit zu bekommen, und muß immer dann angewendet werden, wenn tiefere Einblicke in den Geschiebetrieb für ein bestimmtes Profil verlangt werden. Sobald jedoch nur die Geschiebefunktion bestimmt werden soll, genügt es, die MQ_g als arithmetisches Mittel aller Werte einer Gruppe und das zugehörige Q_m aus Tabelle I zu berechnen.

Eine weitere Vereinfachung ergibt sich dadurch, daß man vielfach die Wasserführung Q_0, bei der gerade noch kein Geschiebetrieb besteht, und den Grenzdurchfluß Q_{gr}, bei dem die ganze Sohle in Bewegung gerät, kennt bzw. aus den Siebanalysen der Fangergebnisse bestimmen kann. Man ist dann in der Lage, im Einzelfall mit nur drei statistisch ausgewerteten Wertepaaren (MQ_g, Q_m) die beiden Äste der Funktion zu berechnen.

In vielen Fällen wird man hiefür die Geschiebebeobachtung so steuern können, daß man Geschiebeentnahmen nur mehr bei bestimmten, ausgewählten Wasserführungen vornimmt.

Bestimmung der Jahresgeschiebefracht

Nach den herkömmlichen Methoden mußten sich, damit man eine Aussage über den Geschiebehaushalt machen konnte, der Zeitraum, für den diese Aussage gelten sollte, und der Beobachtungszeitraum decken. Dadurch aber, daß bei der statistischen Methode, und zwar auch bei der vereinfachten, der Geschiebetrieb auf die Wasserführung bezogen und die gewonnene Funktion weitgehend statistisch gesichert ist, kann eine Aussage auch über längere Zeiträume als die Beobachtungsdauer gemacht werden. Vorbedingung ist außer der einwandfreien Beobachtung und Ermittlung der Meßwasserführung, nur das Vorhandensein einer geeigneten Ganglinie des Durchflusses.

Liegt zum Beispiel für das Profil eine Häufigkeitslinie oder eine Dauerlinie vor, so kann durch geeignete Zusammensetzung dieser statistischen Kurve mit der Geschiebefunktion die Häufigkeitslinie bzw. die Dauerlinie des Geschiebetriebes gebildet werden (Bild 10). Durch Planimetrieren der Fläche unter der Dauerlinie des Geschiebetriebes läßt sich bei Berücksichtigung der Maßstäbe die Jahresgeschiebefracht bestimmen.

III. Die Anwendung der statistischen Methode auf den Schwebstofftrieb

Allgemeines

Über das Ausmaß der jährlichen Schwebstofffracht gingen die Ansichten zunächst weit auseinander, waren doch kaum Formeln bekannt, und große Streuungen bei der Durchführung von Schwebstoffentnahmen sowie auch unerwartet rasche Stauraumverlandungen gaben Anlaß zu mancherlei Untersuchungen. Trotzdem blieb es zwangsläufig erforderlich — um Aussagen überhaupt machen zu können —, möglichst lückenlose Reihenbeobachtungen über lange Zeiträume durchzuführen. So wurde in der Meßstelle Liezen/Enns außer dem Geschiebe die Schwebstofführung beobachtet und auch nach der gleichen Methode (Ergänzung fehlender Einzelwerte mit Hilfe der Tendenzlinie) weiter bearbeitet.

Genau so wie beim Geschiebe sollten zunächst auch beim Schwebstoff die umfangreichen Beobachtungen an der Enns Vergleichsmöglichkeiten für Rückschlüsse auf die Schwebstofführung an der Gail ergeben, doch verlockten

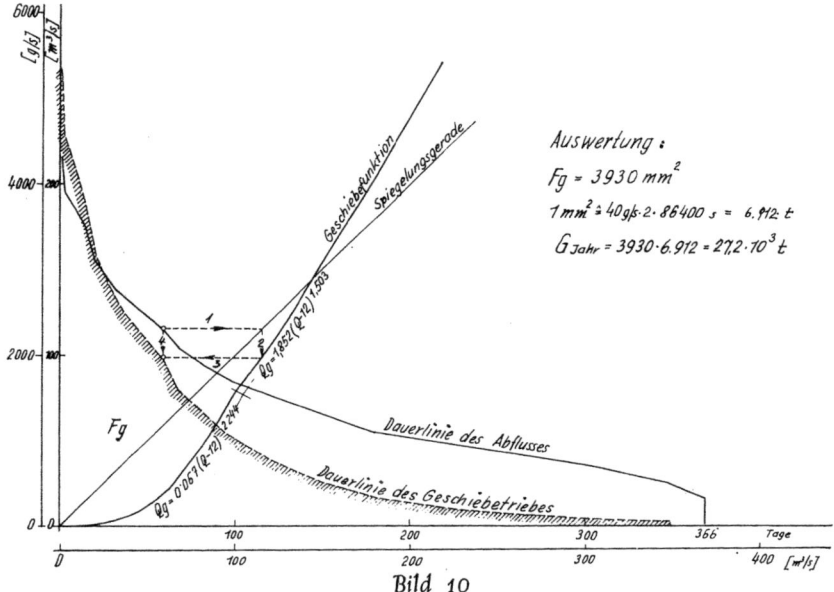

Bild 10

bald die großen Streuungen zu dem Versuch, die Schwebstoffbeobachtungswerte als Mischkollektiv zu betrachten und demgemäß ebenso zu behandeln, wie dies mit den Werten der Geschiebebeobachtung geschehen ist.

Die Problemstellung war auch hiebei die gleiche wie beim Geschiebe, nämlich zu versuchen, eine geeignete Beziehung zwischen Schwebstofftrieb und Wasserführung derart zu finden, daß Aussagen über den Schwebstoffhaushalt schon nach verhältnismäßig kurzen Beobachtungszeiten eventuell auch nach Einzelbeobachtungen bei ganz bestimmten Abflußverhältnissen möglich sind.

Das Beobachtungsmaterial

Als Beobachtungsmaterial lagen 1320 Einzelbeobachtungen der Meßstelle Liezen/Enns aus den Jahren 1952 bis 1956 vor, die nach der gleichen

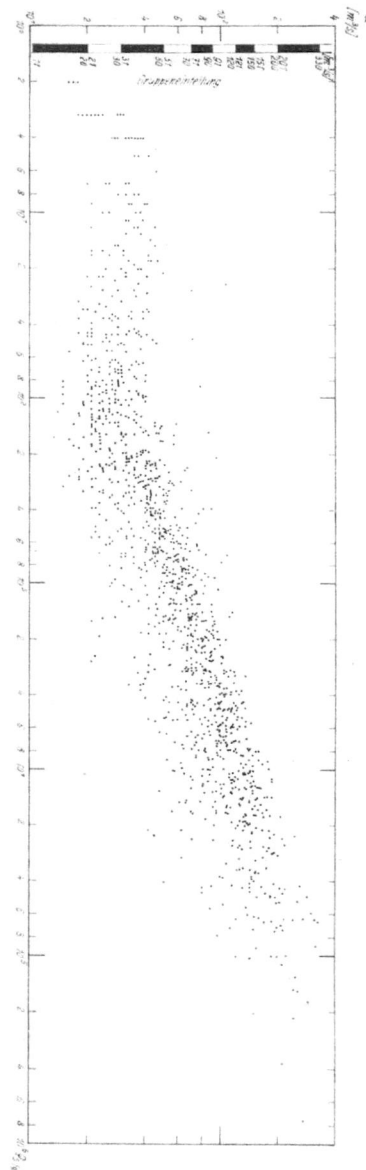

Bild 11

Tabelle VIII

Liezen/Enns. — 1320 Schwebstoffmeßergebnisse aus den Jahren 1952—1956

u. s. w.

Tabelle IX
Liezen/Enns 1952—1956
Häufigkeitsverteilung des Schwebstofftriebes bei $(51-70)\ m^3/s$
17 Klassen; $x = 1{,}4 - 4{,}8\ (x = \log Q_s)$; Klassenbreite $\Delta x = 0{,}2$
Q_s in g/s von 25 g/s bis 63095 g/s
Anzahl der Messungen $N = 213$

Nr.	Klasse Nr.	1	2	3	4	5	6	7	8	9	10	11	12	13	14	15	16	17	
	x von	1,41	1,61	1,81	2,01	2,21	2,41	2,61	2,81	3,01	3,21	3,41	3,61	3,81	4,01	4,21	4,41	4,61	
	x bis	1,60	1,80	2,00	2,20	2,40	2,60	2,80	3,00	3,20	3,40	3,60	3,80	4,00	4,20	4,40	4,60	4,80	
	Q_s von	25	40	64	101	159	252	399	631	1001	1585	2512	3982	6310	10001	15849	25119	39811	
	Q_s bis	39	63	100	158	251	398	630	1000	1584	2511	3981	6309	10000	15848	25118	39810	63095	
1		26	52	0	157	227	358	506	789	1039	1831	2718	5274	8765	10019	16881	29799	40278	
2					136		248	368	520	881	1483	2237	2708	4050	6434	10198	21293		
3							176	322	572	914	1560	1626	3590	5217	7094	15098	16934		
4							243	332	441	815	1289	2031	3556	4913	9149				
5							235	285	513	992	1211	1758	3698	4312	7348				
6								314	530	679	1522	1695	2914	5428	9820				
7								278	573	653	1282	1794	3332	4330	7707				
8								287	535	869	1264	2148	2840	5397	6654				
9								292	505	740	1029	2211	2563	4738	7959				
10									280	593	725	1272	2105	3710	5066				
ΣQ_s		26	52	0	213	1129	3819	13912	38677	57309	46649	48595	82338	70730	99286	55108	29799	40278	$\Sigma Q_s = 580960$
N_i		1	1	0	2	5	12	26	48	40	28	16	17	9	3	3	1	1	$\Sigma N_i = 213$
$n_i = \dfrac{N_i}{\Sigma N_i}\cdot 1000$		5	5	0	9	23	56	122	223	186	136	75	80	42	14	14	5	5	$\Sigma = 1000$

Tabelle X
Liezen/Enns 1952—1956
Wertepaare $(MQ_{si} \cdot Q_m)$ für die Bestimmung der Schwebstoffunktion

Gruppe	Anzahl der Messungen	Teil-kurve $V_i(x)$	A_i	a_i	σ_i	A'_i	$MQ_{si} = A'_i \sigma_i \sqrt{2\pi}$	$MQ_s = \Sigma MQ_{si}$	$Q_m = \dfrac{[Q_s Q]}{[Q_s]}$	MQ_{si} in % von MQ_s
m³/s	N	i =	‰	Abszissen Einheiten			g/s	g/s	m³/s	
11-20	51	1	98	0,40	0,140	0,30	0,1	106,2	18,0	0,1
		2	178	1,60	0,150	37,61	14,1			13,3
		3	157	2,20	0,250	146,83	92,0			86,6
21-30	221	1	40	1,00	0,330	2,67	2,2	192,3	25,1	1,1
		2	209	2,00	0,255	124,16	79,4			41,4
		3	40	2,70	0,330	133,78	110,7			57,5
31-50	337	1	54	1,00	0,350	3,74	3,3	790,3	42,7	0,4
		2	160	2,50	0,306	324,26	248,7			31,5
		3	40	3,45	0,300	715,56	538,1			68,1
51-70	213	1	12	2,10	0,160	8,08	3,2	2172,4	61,7	0,0
		2	223	3,00	0,282	1376,69	973,1			44,9
		3	50	3,70	0,300	1590,58	1196,1			55,1
71-90	149	1	7	1,90	0,155	3,30	2,1	4510,0	81,5	0,0
		2	160	3,20	0,360	2140,00	1880,0			41,7
		3	60	3,90	0,280	2982700	2630,0			58,3
91-120	161	1	205	3,70	0,269	6223,49	4196,3	9123,4	105,8	46,1
		2	82	4,10	0,300	6552,21	4927,1			53,9
121-150	96	1	130	3,70	0,140	3431,48	1204,2	19470,6	136,3	6,2
		2	240	4,10	0,148	16010,40	5939,5			30,4
		3	100	4,50	0,260	18914,50	12326,9			63,4
151-200	63	1	90	4,00	0,100	4621,05	1158,3	36850,5	172,5	3,1
		2	200	4,30	0,179	21721,00	9745,8			26,5
		3	140	4,70	0,250	41405,00	25946,4			70,4
201-330	29	1	107	4,30	0,100	10961,62	2747,6	105265,4	246,0	2,6
		2	268	4,80	0,147	89533,44	32990,4			31,4
		3	138	5,10	0,200	96586,20	48420,6			46,0
		4	35	5,90	0,060	140341,25	21106,8			20,0

Methode wie an der Gail gewonnen wurden. Als Entnahmegerät stand hiefür eine Ein-Liter-Milchflasche zur Verfügung, die mit Hilfe der Geschiebeseilwinde in einem beschwerten Flaschenträger bis in die Entnahmetiefe hinuntergelassen wurde und sich dort mit Wasser füllte. Außerdem wurden alle vierzehn Tage oder wenn sich der Wasserstand um ein bestimmtes Maß geändert hatte, sogenannte Vollmessungen durchgeführt, bei denen in mehreren Meßlotrechten sowohl an der Oberfläche als auch in Sohlnähe je ein Liter Wasser entnommen wurde. In allen Fällen erfolgte die Bestimmung der Schwebstoffkonzentration durch Filtern und anschließende Wägung.

Die Umrechung der Einzelbeobachtungen auf die Gesamtwasserführung erfolgte dann so, daß aus allen Vollmessungen eine mittlere Verhältniszahl des Schwebstoffgehaltes der Einzelentnahme zu dem Schwebstoffgehalt der Vollmessung bestimmt und sodann alle Einzelmessungswerte mit diesem Faktor und der Wasserführung vervielfacht wurden. Die auch hiebei erfolgte Interpolation fehlender Einzelwerte mit Hilfe der Tendenzlinie blieb für die Erprobung der statistischen Methode außer Betracht (Tabelle VIII).

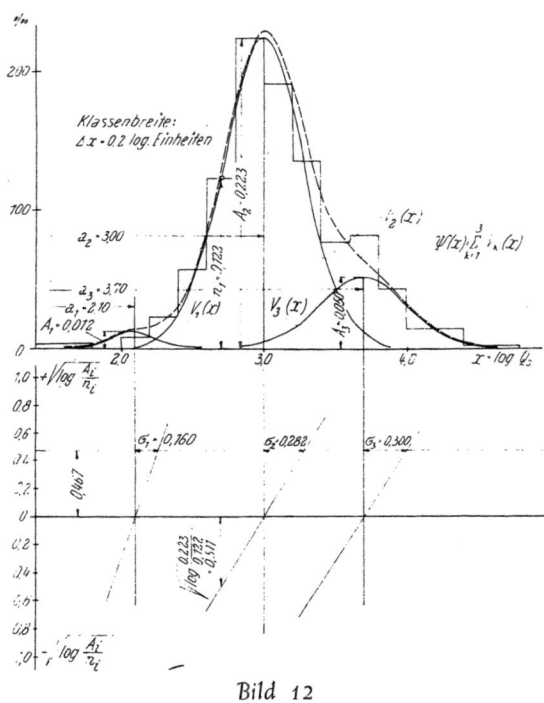

Bild 12

Beziehung zwischen Schwebstofftrieb und Wasserführung

In ganz analoger Form wie beim Geschiebetrieb erfolgte die statistische Bearbeitung auch beim Schwebstofftrieb (Bild 11). Es wurde also der gesamte Wertevorrat nach der Wasserführung in Gruppen und innerhalb dieser nach dem Logarithmus des Schwebstofftriebes in Klassen eingeteilt, die relativen Klassenhäufigkeiten bestimmt (Tabelle IX) und mit ihnen die Stufenpolygone gezeichnet, letzteren wieder die erforderliche Anzahl Gaußscher Normalverteilungskurven als Summenfunktion Ψ (x) angepaßt (Bild 12) und

43

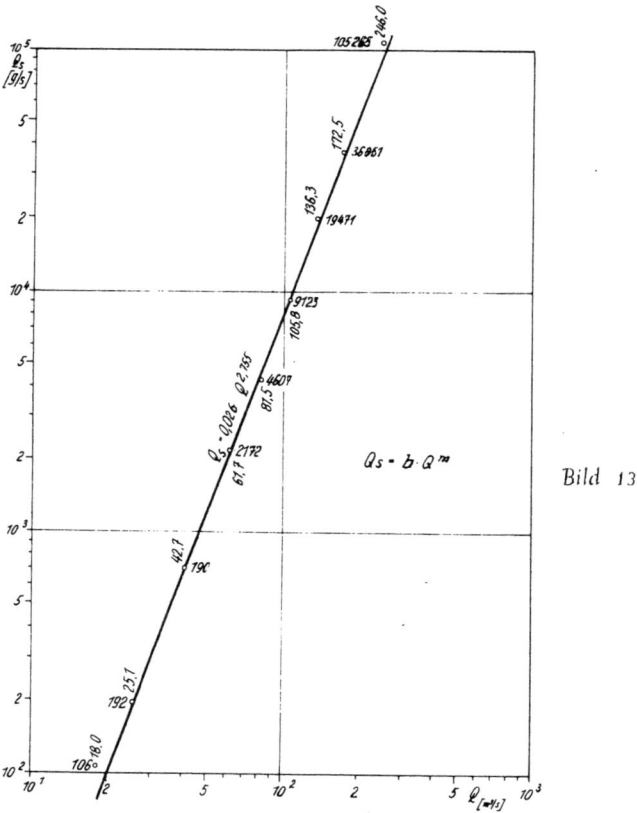

Bild 13

schließlich für jede Gruppe der mittlere Schwebstofftrieb MQ_{sk} sowie das zugehörende Q_m berechnet (Tabelle X).

Die so gewonnenen Wertepaare (MQ_{sk}, Q_m) liegen im Gegensatz zum Geschiebetrieb im doppelt logarithmischen System annähernd auf einer Geraden mit der Gleichung $\log Q_s = \log b + m \log Q = \log (b Q^m)$. Damit ergibt sich die Beziehung zwischen Schwebstofftrieb und Wasserführung mit

$$Q_s = b Q^m \qquad (15)$$

Bei der Ausgleichung nach der Methode der kleinsten Quadrate ergaben sich die Beiwerte mit $b = 0{,}026$ und $m = 2{,}755$, somit der Schwebstofftrieb mit $Q_s = 0{,}026\, Q^{2{,}755}$ (Bild 13). Da mit dieser Funktion für $Q = 0$ auch $Q_s = 0$ wird, geht diese Funktion durch den Koordinatensprung und genügt der naturgegebenen Randbedingung, daß bei fehlender Wasserführung der Schwebstofftrieb ebenfalls gleich Null sein muß.

Deutung der Mischtypen

Entstehung und Ablauf des Geschiebetriebes unterscheiden sich ganz wesentlich von denen des Schwebstofftriebes. Die Zubringer liefern — besonders bei Elementarereignissen — aus ihrem Einzugsgebiet das durch Atmosphärilien gelockerte, in den Geschiebeherden lagernde Material in den Mutterfluß und schwemmen außerdem als Folge von Uferanrissen und Überflutungen festen Boden ab. Die feineren Bestandteile und solche, die unterwegs durch Verrieb entstehen, werden sogleich als Schwebstoff mit den Wassermassen abtransportiert, während das als Geschiebe weiter transportierte Gestein zum Großteil an den Mündungsstellen der Zubringer liegen bleibt, später entsprechend der Wasserführung abgetragen wird und so den Geschiebetrieb im Mutterfluß bildet.

Die Hauptursachen für die Entstehung des Schwebestofftriebes sind somit

a) Verrieb des wandernden Geschiebes

b) das Abschwemmen großer Mengen von Verwitterungsmaterial aus den Geschiebeherden mit Auswaschen der darin enthaltenen Schwebstoffteile bei Elementarereignissen in Teilen des Einzugsgebietes

c) das Überfluten von Teilen des Einzugsgebietes mit Abtragen und Fortschwemmen von festem Boden.

Der Schwebstofftrieb wandert sofort nach seiner Entstehung mit der Geschwindigkeit des Wassers weiter, weshalb sich jedes Elementarereignis sofort mit dem Einlangen der Flutwelle an der Meßstelle auswirkt. Beim Abklingen der Hochwasserwelle nimmt daher auch meist die Konzentration des Schwebstoffgehaltes rasch ab.

In Bild 14 sind für vier Gruppen die Häufigkeitspolygone mit ihren Zerlegungen in Gaußsche Normalverteilungen aufgetragen worden. Mit Ausnahme der letzten Gruppe, die in vier Kollektive unterteilt ist, bestehen alle anderen Gruppen aus drei Typen.

Type 1 dürfte in allen Gruppen den Schwebstofftrieb für länger andauernde Beharrungswasserstände bzw. für kleinere Schwankungen der Wasserführung umfassen. Hauptsächlich der Verrieb des Materiales ohne nennenswerten Zuschub aus dem Einzugsgebiet der Zubringer wird die Ursache sein.

Type 2 wird durch den Schwebstofftrieb bei fallender Flutwelle gebildet, da sich ein rasches Vermindern der Konzentration zeigt.

Type 3 wird durch den Schwebstofftrieb beim Anstieg der Flutwelle hervorgerufen, denn der Zentralwert A_k hat hier in allen Gruppen — mit einer Ausnahme — den Höchstwert, das heißt der Schwebstoffgehalt erreicht bei steigender Wasserführung seinen Höchstwert.

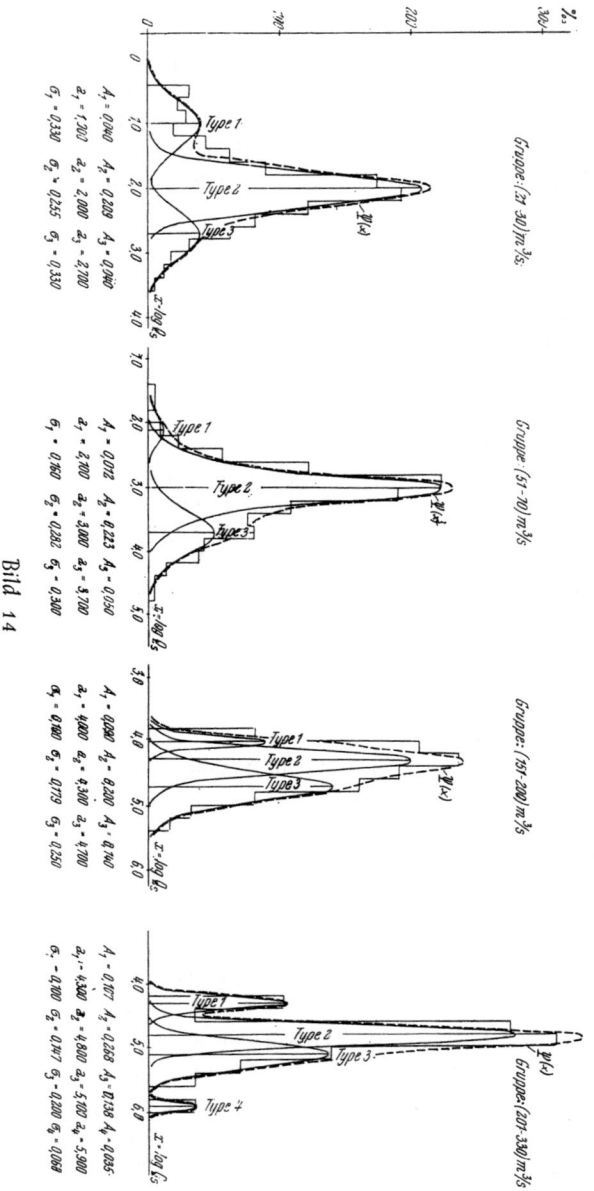

Bild 14

Type 4 kommt nur bei der Gruppe (201—300) m³/s vor und ist bei dieser hohen Wasserführung einem Uferanriß oder sonstigem Abtrag von festem Boden zuzuschreiben.

Der Charakter des Schwebstofftriebes ist durch die Zerlegung der Mischtypen in großen Zügen gekennzeichnet. Der Unterschied in seinem Ablauf gegenüber dem des Geschiebetriebes tritt klar hervor, der Geschiebetrieb erreicht sein Maximum bei fallender Wasserführung, während dies beim Schwebstoff im Anstieg bzw. im Bereich der Kulmination der Fall ist.

Diskussion der Ergebnisse

Die aus der statistischen Auswertung der 1320 Schwebstoffbeobachtungen und aus der Zerlegung der Mischtypen gewonnene Erkenntnis über den Schwebstofftrieb kann daher wie folgt zusammengefaßt werden:

1. Die Beziehung zwischen Schwebstofftrieb und Wasserführung lautet $Q_s = b \cdot Q^m$.
2. Bei beharrendem oder leicht schwankendem Abfluß sinkt der Schwebstoffgehalt auf einen Wert, welcher zum Großteil aus dem laufenden Verrieb des Geschiebes stammt.

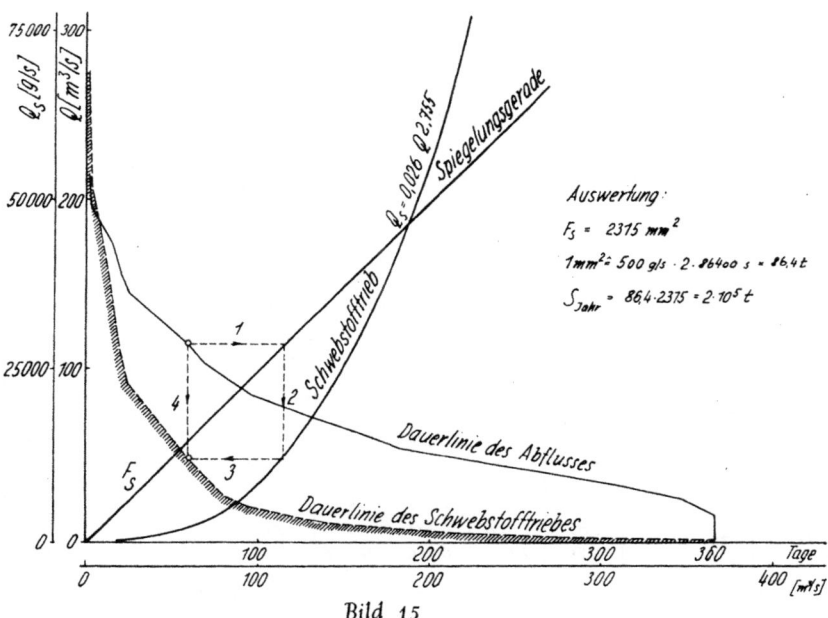

Bild 15

3. Bei steigender Wasserführung ergibt sich eine zunehmende Konzentration des Schwebstoffes, die im Bereich des Höchststandes ihr Maximum erreicht.
4. Mit fallender Flutwelle nimmt die Schwebstofführung rasch ab.
5. Besondere Dichte erlangt der Schwebstoff bei Elementarereignissen mit Abtrag von festem Boden.

Selbstverständlich kann auch zur Bestimmung der Konstanten b und m die vereinfachte Methode angewendet werden. Dadurch, daß Gleichung (15) im doppelt logarithmischen System durch nur eine Gerade dargestellt werden kann, ergibt sich gegenüber dem Geschiebetrieb noch eine weitere Vereinfachung, weil es im Extremfall genügt, nur im Bereiche von zwei weit auseinanderliegenden Wasserführungen Messungen anzustellen. Daß die Zusammensetzung der Schwebestoffunktion mit der Dauerlinie der Wasserführung eine Dauerlinie der Schwebstofführung und durch Planimetrieren der unter dieser liegenden Fläche bei Berücksichtigung der Maßstäbe die Jahresschwebstofffracht liefert, geht aus der Analogie zum Geschiebe von selbst hervor und sei hier nur der Vollständigkeit halber vermerkt (Bild 15).

IV. Ein praktisches Beispiel

Nachdem sich für die Meßstelle Liezen/Enns durch die Anwendung der statistischen Methode eine Reihe neuer Erkenntnisse ergeben hatte, wurden diese auch zur Bearbeitung der Meßstelle Rattendorf/Gail herangezogen. Im einzelnen konnten nachstehende Ergebnisse erzielt werden.

a) Geschiebe

In der Meßstelle Rattendorf/Gail konnten in den Jahren 1955 und 1956 — nicht zu letzt wegen der Besonderheiten ihres Wasserhaushaltes — nur

Tabelle XI
Rattendorf/Gail 1955—1956
Wertepaare (MQ_g, Q_n) für die Bestimmung der Geschiebefunktion

Gruppe	Anzahl der Messungen	Teilkurve $V_i(x)$	A_i	a_i	σ_i	A'_i	$MQ_{gi} = A'_i \sigma_i \sqrt{2\pi}$	$MQ_g = \Sigma MQ_{gi}$	$\frac{Q_m =}{[Q_g \cdot Q]}{[Q_g]}$	MQ_{gi} in % von MQ_g
m^3/s	N	$i =$	%	\multicolumn{2}{c}{Abszissen Einheiten}		$\dot{x} \cdot g/s$	g/s	m^3/s	
11–30	27	1	220	0,900	0,350	4,03	3,54	50,99	26,0	7,0
		2	297	1,500	0,547	34,60	47,45			93,0
31–40	31	1	387	1,500	0,411	32,40	33,39	166,65	34,7	20,2
		2	224	2,450	0,359	148,06	133,26			79,8
41–110	19	1	252	2,100	0,350	73,15	64,19	1293,88	80,2	4,6
		2	302	3,000	0,501	979,04	1229,69			95,4

insgesamt 77 Meßwerte gewonnen werden. Dazu war allerdings aus Beobachtungen bekannt, daß bei Wasserführungen unter 12,0 m³/s keine Geschiebebewegung stattfindet, außerdem konnte durch Vergleich der Sieblinien des Bettmateriales und des gefangenen Geschiebes erkannt werden, daß bei einer Wasserführung von etwa 35 m³/s der Geschiebetrieb ein totaler wird.

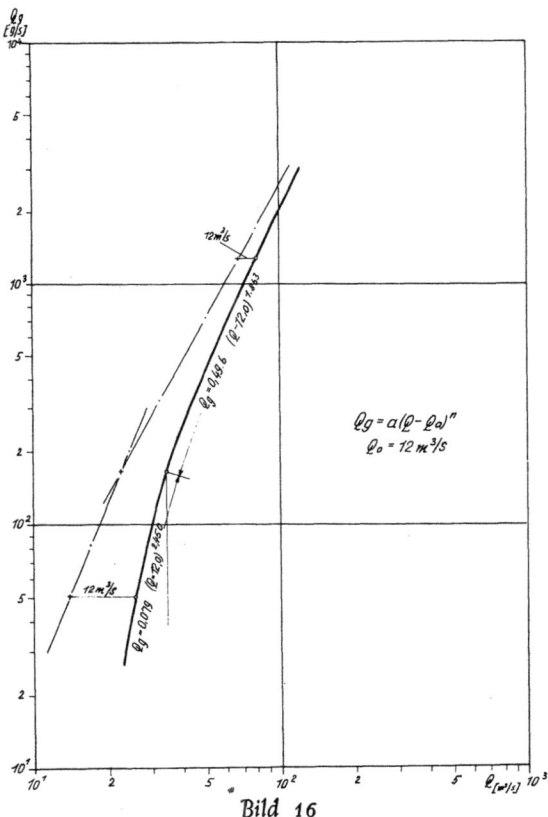

Bild 16

Bei der Auswertung wurden aus den 77 Meßwerten drei Gruppen gebildet, innerhalb welcher der Wert MQ_g durch Angleichung je zweier Gaußscher Normalverteilungskurven an das Stufenpolygon der relativen Häufigkeiten und das zugehörende Q_m als gewogenes Mittel der jeweiligen Meßwasserführungen mit dem ermittelten Geschiebetrieb als Gewicht errechnet wurden (Tabelle XI). Mit $Q_0 = 12,0$ m³/s und Q_{gr} = rund 35 m³/s waren also fünf Punkte für die Bestimmung der Geschiebefunktion zur

Verfügung. Da die Wasserführung der Gruppe 2, $Q_{m2} = 34{,}7$ m³/s, praktisch nahe genug bei Q_{gr} liegt, wurde $Q_{m2} = Q_{gr}$ gesetz und mit den Ausgangswerten $Q_0 = 12{,}0$ m³/s, (MQ_{g1}, Q_{m1}), $(MQ_{g2}, Q_{gr} = Q_{m2})$ und (MQ_{g3}, Q_{m3}) die Bestimmung der zweiteiligen Geschiebefunktion durchgeführt.

In Bild 16 wurde über den Abszissenwerten $(Q_{mi} - Q_0)$ die zugehörenden MQ_{gi} aufgetragen, durch die so bestimmten Punkte die Geraden $\log Q_g = \log a + \log (Q - Q_0)$ gezeichnet und daraus die Koeffizienten a und die Exponenten n der Bezugsgleichungen bestimmt. Die Geschiebefunktion für das Profil Rattendorf/Gail lautet

für $12{,}0$ m³/s $< Q \leqq 34{,}7$ m³/s $\quad Q_g = 0{,}079 \, (Q - 12{,}0)^{2,450}$
für $\qquad\qquad\quad Q \geqq 34{,}7$ m³/s $\quad Q_g = 0{,}496 \, (Q - 12{,}0)^{1,863}$

b) Schwebstoff

Für die Bestimmung der Schwebstoffunktion des Profiles Rattendorf/Gail standen ebenfalls aus den Jahren 1955 und 1956 insgesamt 381 Meßwerte zur Verfügung, die in vier Gruppen zusammengefaßt wurden, innerhalb welcher Q_m als gewogenes Mittel der Meßwasserführungen mit dem zugehörenden Schwebstofftrieb als Gewicht und die MQ_g wieder mit Hilfe von Gaußschen Normalverteilungskurven, die dem Stufenpolygon der Häufigkeiten angeglichen worden waren, ermittelt wurden (Tabelle XII).

Bild 17 zeigt, daß die so gefundenen Wertpaare im doppelt logarithmischen System ziemlich genau auf einer Geraden mit der Gleichung

$$Q_s = 0{,}121 \, Q^{2,723}$$

zu liegen kommen.

Tabelle XII
Rattendorf/Gail 1955—1956
Wertepaare (MQ_s, Q_m) für die Bestimmung der Schwebstoffunktion

Gruppe	Anzahl der Messungen	Teilkurve $V_i(x)$	A_i	a_i	σ_i	A_i'	$MQ_{si} = A_i'\sigma_i \sqrt{2\pi}$	$MQ_s = \Sigma MQ_{si}$	$Q_m = \dfrac{[Q_s \cdot Q]}{[Q_s]}$	MQ_{si} in % von MQ_s
m³/s	N	$i=$	‰	Abszissen Einheiten		$\bar{x}^{-1}$ g/s	g/s		m³/s	MQ_s
0-10	154	1	345	0,90	0,451	7,83	8,9	45,0	8,6	19,8
		2	195	1,80	0,430	33,48	36,1			80,2
11-20	127	1	140	1,20	0,330	4,94	4,1	253,1	16,9	1,6
		2	560	2,10	0,329	156,55	129,1			51,0
		3	30	3,40	0,300	159,44	119,9			47,4
21-30	43	1	555	2,70	0,431	758,61	819,6	819,6	25,9	100,0
31-100	57	1	340	3,30	0,410	1765,48	1814,4	8252,7	58,5	22,0
		2	200	3,90	0,500	5137,10	6438,3			78,0

c) **Jahresfracht**

Durch graphisches Zusammensetzen der Kurve für den Geschiebe- bzw. Schwebstofftrieb mit der Abflußdauerlinie des Jahres 1956 wurden die Dauerlinien des Geschiebe- und des Schwebstofftriebes konstruiert. Die unter diesen liegenden Flächen ergaben unter Berücksichtigung der Meßstäbe eine Jahresgeschiebefracht von 1450 Tonnen und eine Jahresschwebstofffracht von 18.500 Tonnen.

Nach Auswertung der Beobachtungsergebnisse 1957 wurden die Beziehungen zwischen Geschiebe- bzw. Schwebstofftrieb und Wasserführung aus den Meßwerten der Jahre 1955, 1956 und 1957 mit Hilfe der vereinfachten Methode (arithmetisches Mittel einer Gruppe) für MQ_R bzw. MQ_s bestimmt. Die Zusammensetzung mit der gleichen Dauerlinie der Wasserführung ergab mit Jahresfrachten von 1330 Tonnen Geschiebe und 17.300 t Schwebstoff gute Übereinstimmung mit den Ergebnissen aus den Meßwerten der Jahre 1955 und 1956.

Bild 17

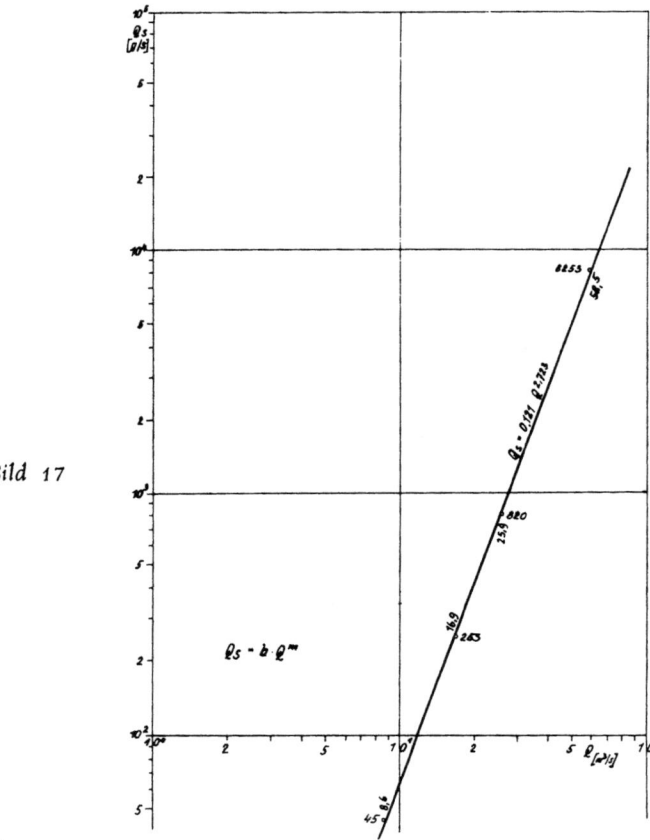

V. Zusammenfassung und Ausblick

Nachdem die Auswertung der Geschiebe- und Schwebstoffmeßergebnisse aus dem Profil Rattendorf/Gail zu keinem Ergebnis geführt hatte, weil die wenigen Meßwerte zwar das Vorhandensein einer Beziehung erkennen ließen, die großen Streuungen aber deren Bestimmung nach herkömmlichen Methoden unmöglich machten, wurde eine statistische Untersuchung am wesentlich umfangreicheren Kollektiv der Geschiebe- und Schwebstoffmessungen aus dem Profil Liezen/Enns angestellt. Aus den insgesamt 895 Meßwerten der Geschiebebeobachtungen und den 1320 Meßwerten der Schwebstoffbeobachtungen ließen sich Beziehungen zwischen Wasserführung und Geschiebe bzw. Schwebstofftrieb von der Form $Q_g = a (Q - Q_0)^n$ bzw. $Q_s = b \cdot Q^m$ ableiten, deren Zusammenhang auf Grund des ermittelten Korrelationskoeffizienten nach Pearson als praktisch funktionell bezeichnet werden kann.

Ein Vergleich der Ergebnisse für die Meßstellen Liezen/Enns und Rattendorf/Gail mit den Beiwerten

		Liezen/Enns	Rattendorf/Gail
a	für $Q \leqq Q_{gr}$	0,067	0,079
	für $Q \geqq Q_{gr}$	1,852	0,496
n	für $Q \leqq Q_{gr}$	2,244	2,450
	für $Q \geqq Q_{gr}$	1,503	1,863
b		0,026	0,121
m		2,755	2,723

läßt, da der Exponent n das Längsprofil des Flußlaufes bis zur Meßstelle, die Sieblinie des Geschiebes und dessen petrographische Zusammensetzung charakterisieren dürfte und ähnliches sicher auch für den Exponenten m gilt, trotz der wenigen Meßwerte für Rattendorf/Gail die Ähnlichkeit der beiden Einzugsgebiete erkennen. Gail wie Enns haben, wie schon erwähnt, Kalk und Urgestein im Einzugsgebiet anstehen, annähernd gleiche Sieblinien des Geschiebes, bis zur betrachteten Meßstelle auch gleichartige Längenprofile und fast dieselbe mittlere Spende. Die ursprünglich aus anderen Gründen verlangte Gleichartigkeit der beiden Meßstellen scheint sich also in überraschender Weise in der Ähnlichkeit der Exponenten der Bezugsgleichungen widerzuspiegeln.

Darüber hinaus hat die Zerlegung der für den Feststofftrieb aus den Meßergebnissen gewonnenen Mischtypen in einzelne Normalverteilungen Erkenntnisse über den Ablauf des Geschiebe- und Schwebstofftriebes ergeben, die für die Beurteilung von Sonderfällen von Wichtigkeit sein können. Weiß man etwa, wie dies bei der Deutung der Mischtypen gezeigt wurde, bei welcher Art von Abflußschwankungen Geschiebe bestimmter Zusammensetzung abtransportiert wird, und kennt man die Zusammensetzung von Schotterbänken oder von Anlandungen bei den Mündungen von Zubringern, so kann man aus bekannten Abflußschwankungen der Ganglinie des Hauptflusses abschätzen, wann mit einem Abtransport dieser Geschiebemassen zu rechnen sein wird.

Will man andererseits jenes Hochwasser bestimmen, welches innerhalb einer langen Jahresreihe durchschnittlich die größte Geschiebefracht transportiert, so müssen zunächst die Hochwässer nach Methoden der mathematischen Statistik untersucht und ihre Häufigkeit ermittelt werden. [1]. Hiebei sind die Hochwasserereignisse nach bestimmten Gesichtspunkten auszuzählen [1]), zu ordnen und nach den Abflüssen so in Klassen einzuteilen, daß deren Breiten den Wert $\Delta \log Q$ haben und untereinander gleich groß sind. Das Stufenpolygon, welches mit Hilfe der Klassenhäufigkeiten gezeichnet werden kann, wird hierauf durch den Linienzug $\Psi(x)$ nach Gleichung (8) ausgeglichen, welcher die Häufigkeitslinie der Hochwasserereignisse darstellt.

Aus dem Verhältnis der Flächen $\int_{-\infty}^{\xi} \Psi(x)\, dx$ und $\int_{\xi}^{+\infty} \Psi(x)\, dx$, weiters aus der Anzahl der Glieder des verwendeten Kollektives (Anzahl der Hochwasserereignisse) und der Anzahl der Jahre, über die sich das Kollektiv erstreckt, kann die n-Jährigkeit des Hochwasserabflusses an der Stelle $x = \xi = \log Q$ unmittelbar errechnet werden.

Unter bestimmten Annahmen über die zeitliche Abgrenzung zwischen Beginn des Anstieges und Ende des Ablaufes der Flutwelle kann für jedes Hochwasserereignis aus dessen Ganglinie und der Geschiebebeziehung die zugehörige Geschiebefracht ermittelt werden. Bildet man die mittleren Frachten, die zu den Hochwässern einer Klasse gehören, multipliziert sie mit der zugehörigen Klassenhäufigkeit, und zeichnet damit ein Stufenpolygon (Bild 18), so erhält man eine Beziehung zwischen Geschiebefracht und Wasserführung, die durch Angleichung eines Linienzuges an das Stufenpolygon in eine stetige Funktion der Form $G = \Phi(Q)$ gebracht werden kann. Der Maximalwert G_{max} gibt mit seiner Abszisse $\log Q$ den Abfluß an, bei welchem die Geschiebefracht im Durchschnitt über einen langen Zeitraum den Höchstwert erreicht. Gleichzeitig kann man an der Stelle ξ aus der Hochwasserhäufigkeitslinie $\Psi(x)$ die n-Jährigkeit des zugehörenden Hochwasserereignisses errechnen. Damit ist die gestellte Aufgabe gelöst und jener n-jährige Hochwasserabfluß gefunden, der im Durchschnitt die größte Geschiebefracht transportiert und deshalb für Flußregulierungen von Bedeutung ist.

Solche statistische Auswertungen bedürfen natürlich umfangreicher Kleinarbeit, die zweifellos nur bei großen Bauvorhaben vertretbar sein wird. Um so begrüßenswerter muß es daher sein, daß die angestellten Unter-

---

[1]) H. Kreps: Die Grundlagen für die provisorische Aufstellung einer Formel für Hochwässer verschiedener Wahrscheinlichkeit. Mitteilungsblatt des Hydrographischen Dienstes in Österreich Nr. 3, Wien 1952.

suchungen nicht nur tiefere Einblicke in den Mechanismus des Geschiebetriebes gebracht haben, mit deren Hilfe man etwa die Bereiche partiellen und totalen Geschiebetriebes abgrenzen oder aber den Geschiebetrieb unter Berücksichtigung der dem betreffenden Gewässer eigenen Besonderheiten des Wasserhaushaltes ergründen kann, sondern daß sie Möglichkeiten erbracht haben, wie man schon mit verhältnismäßig wenigen, aber wohldurchdachten Beobachtungen in der Lage ist, auf statistisch gesicherter Grundlage Schwebstoff- bzw. Geschiebebeziehungen aufstellen zu können, die für wasserbauliche Projekte unumgänglich notwendig sind.

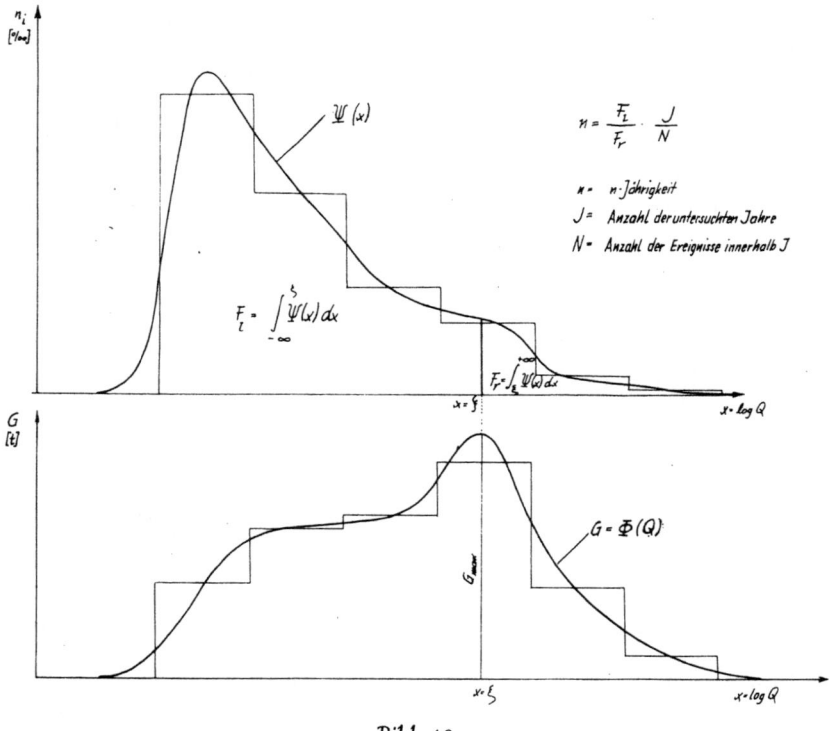

Bild 18

Selbstverständlich unterliegt auch die Beziehung zwischen Wasserführung und Geschiebe bzw. Schwebstofftrieb im Laufe der Zeit den gleichen Veränderungen wie jede andere statistische Größe, doch kann es sich hiebei, sofern an dem Gewässer keine einschneidenden Eingriffe vorgenommen werden, nur um geringfügige Korrekturen handeln, welche die Funktion mit steigender Zahl der Beobachtungen ihrem Werte für unendlich viele Einzelmessungen immer näher bringen. Die Ermittlung der Geschiebe- und Schwebstofffrachten für Rattendorf läßt dies deutlich erkennen, denn die Unterschiede, die sich bei Anwendung der Geschiebe- bzw. Schwebstofffunktion aus den Beobachtungen der Jahre 1955 und 1956 gegenüber jenen aus den Beobachtungen der Jahre 1955, 1956 und 1957 auf die Wasserführungsdauerlinie des Jahres 1956 ergaben, betragen bei Geschiebe rund 8%/o und bei Schwebstoff rund 6%/o. Sie liegen somit jedenfalls innerhalb von Grenzen, die mit herkömmlichen Methoden ohne hohen Aufwand für die Beobachtung nicht erzielt werden konnten.

Die neue Methode gestattet also, Beziehungen zwischen der Wasserführung und dem Geschiebe bzw. dem Schwebstofftrieb von praktisch funktionellem Zusammenhange zu finden, die trotz eines verhältnismäßig niedrig haltbaren Aufwandes infolge ihrer statistischen Sicherung sehr wirklichkeitsnahe sind und die Ableitung langer Jahresreihen aus den Beobachtungsergebnissen kurzer Zeiträume mit ausreichender Genauigkeit ermöglichen.

Literaturverzeichnis

[1] Felber, V.: The Application of the Probability Theory to the Solution of Hydrological Problems. 1949.
[2] Mises, R. v.: Wahrscheinlichkeitsrechnung und ihre Anwendung in der Statistik und theoretischen Physik. Leipzig und Wien, 1931.
[3] Daeves-Beckel: Großzahlforschung und Häufigkeitsanalyse. Verlag Chemie GMBH., Weinheim-Berlin, 1948.
[4] Fechner, Th.: Kollektivmaßlehre, herausgegeben von G. F. Lipps, 1897.
[5] Sokolovski: Anwendung der Verteilungskurven auf dem Gebiete der Hydrologie. Wasserwirtschaft und Technik, 1936.
[6] Zottl, A.: Statistik und oberirdischer Abfluß. Österrichische Wasserwirtschaft, 1951, Heft 3.
[7] Schaffernak, F.: Hydrographie. Wien, 1935.
[8] Einstein, H. A.: Der Geschiebetrieb als Wahrscheinlichkeitsproblem. Schweizer Bauzeitung, 1937.
[9] Jäger, Ch.: Zwei neue Beiträge zur Anwendung der Wahrscheinlichkeitsrechnung auf die Theorie der Gewässerkunde und des Geschiebetriebes. Wasserkraft und Wasserwirtschaft, 1937.
[10] Dupuit: Principes d'Hydraulique. Paris, 1786.
[11] Polya, G.: Zur Kinematik der Geschiebebewegung. Schweizer. Bauzeitung, 1937.
[12] Du Boys: Le Rhône et les rivières a lit affouillable. Annales des Ponts et Chaussées, 1879.
[13] Exner, F. W.: Sitzungsbericht der Akademie der Wissenschaften. Wien, 1928. (Über Geschiebebewegung.)
[14] Reitz, W.: Über Geschiebebewegung. Wasserwirtschaft und Technik, 1936.

[15] Schaffernak, F.: Neue Grundlagen für die Berechnung der Geschiebeführung in Flußläufen. Verlag Franz Deuticke, Leipzig und Wien, 1922.
[16] Lippke-Orsoy, M.: Über Turbulenz, Randgeschwindigkeit und Schleppwiderstand. Wasserwirtschaft und Technik, 1936.
[17] Singer, M.: Das Rechnen mit Geschiebemengen. Verlag für Fachliteratur, Berlin-Wien-London, 1912.
[18] Meyer, P. u. Müller: Eine Formel zur Berechnung des Geschiebetriebes. Schweizerische Bauzeitung, 1949.
[19] Schoklitsch: Der Geschiebetrieb und die Geschiebefracht. Wasserkraft und Wasserwirtschaft, 1934.
[20] Sternberg: Geschiebetrieb. Zeitschrift für Bauwesen, 1875.
[21] Jurina: Neue Wege zur Erforschung der Wechselbeziehungen zwischen Profilgestaltung und Geschiebeführung natürlicher und künstlicher Gerinne. Wasserwirtschaft und Technik, 1935.
[22] Reitz, W.: Über Geschiebebewegung. Wasserwirtschaft und Technik, 1936, Heft 28/30.
[23] Donat: Über Sohlenangriff und Geschiebetrieb. Wasserwirtschaft, 1929.
[24] Dühl: Geschiebeversuche. Wasserwirtschaft, 1933.
[25] Kurzmann, S.: Beobachtungen über Geschiebeführung. A. Huber, München, 1919.
[26] Mühlhofer, L.: Untersuchungen über die Schwebstoff- und Geschiebeführung des Inn. Wasserwirtschaft, 1933, Heft 5/6.
[27] Bogárdi, J.: Über die Zu- und Abnahme des Schwebstoffgehaltes in den Flüssen mit Änderung des Abflusses. Wasserwirtschaft, 1956.
[28] Rosenauer: Die Schwebstofführung der Donau bei Linz. Wasserwirtschaft, 1933.
[29] Gilbert: The Transportation of debris by running water. U. S. Geol. Survey Profess. Paper 86, 1914.
[30] Kozeny, J.: Über die mechanische Wirkung des Wassers auf feste Körper. Wasserwirtschaft, Wien, 1929.
[31] Schoklitsch: Geschiebebewegung in Flüssen und Stauweihern. 1926.
[32] Károly, Z.: Die bisherigen Ergebnisse der Geschiebeuntersuchungen an der ungarischen Donau. Vízügyi Közlemények, Budapest, 1951, Heft 1.
[33] Ehrenberger, R.: Geschiebemessungen an der Donau. Wasserwirtschaft, 1929.
[34] Moosbrugger, H.: Jahresbericht der Enns-Studienkommission (bisher unveröffentlicht).

SCHRIFTENREIHE
DES ÖSTERREICHISCHEN WASSERWIRTSCHAFTSVERBANDES

H. 11 **Steinwender, A.:** Die Zukunft der Wasserversorgung der Stadt Wien. 44 S., 8 Abb. 1948. S 7.20.
H. 12 **Ramsauer, B.:** Die österreichische Nährflächenreserve — das zehnte Bundesland. 30 S., 7 Abb. 1948. S 5.80.
H. 13 **Vas, O.:** Der Anteil Österreichs an der elektrizitätswirtschaftlichen Gemeinschaftsplanung in Europa. 27 S., 13 Abb. 1948. S 6.60.
H. 14 **Böhmer, H.:** Über den derzeitigen Stand der Bauarbeiten am Tauernkraftwerk Kaprun. 50 S., 22 Abb. 1949. S 12.—.
H. 15 **Fritsch, J.:** Talsperrenbeton. V + 34 S., 4 Abb. 1949. S 7.20.
H. 16 **Sitte, F.:** Wasserwirtschaftstagung 1949 in Bad Ischl, Oberösterreich. — Jahresbericht 1948 des Österreichischen Wasserwirtschaftsverbandes. III + 70 S., 11 Abb. 1949. S. 1920.
H. 17 **Kieser, A.:** Gewässerkundliche Grundlagen der Anlagen und Projekte der Vorarlberger Illwerke A. G. III + 36 S., 21 Abb. 1949. S 7.20.
H. 18 **Steinwender, A.:** Über Düsen, Wasserstrahlpumpen und Heber. III + 47 S., 33 Abb. 1950. S 14.40.
H. 19 **Fritsch, J.:** Der heutige Stand der Massenbetontechnik. 37 S., 15 Abb. 1950. S 12.—.
H. 20 **Baumann, F.:** Vom älteren Flußbau in Österreich. IV + 44 S., 10 Abb. 1951. S 14.40.
H. 21 **Kieser, A.:** Die „Kernring-Auskleidung" im Druckstollen „Kops-Vallüla" der Vorarlberger Illwerke A. G. III + 31 S., 12 Abb. 1951. S 10.—.
H. 22 **Vas, O.:** Probleme der Kraftwasserwirtschaft in Mitteleuropa. III + 60 S., 27 Abb. 1952. S 16.—.
H. 23 **Grengg, H.:** Das Großspeicherwerk Glockner-Kaprun. V + 35 S., 10 Abb. 1952. S 14.—.
H. 24 **Fritsch, J.:** Amerikanischer Talsperrenbau. III + 51 S., 22 Abb. 1952 S 20.—.
H. 25 **Liepolt, R.:** Abwasserwirtschaft in Österreich. **Koziel, O.:** Abwasserwirtschaft in Kärnten. V + 40 S., 10 Abb. 1953. S 18.—.
H. 26/27 **Grabmayr, P.:** Wasserrechtliche Berufungsentscheidungen und Erkenntnisse 1949 bis 1952. III + 73 S. 1953. S 30.—.
H. 28/29 **Hartig, E.:** Internationale Wasserwirtschaft und internationales Recht. 102 S. 1955. S 42.—.
H. 30 **Vas, O.:** Wasserkraft- und Elektrizitätswirtschaft in der Zweiten Republik. 48 S., 39 Tafelbilder, 9 Abb., 9 Tab. 1956. S 36.—.
H. 31 **Lernhart, A.:** Untersuchungen zur Erweiterung der Wasserversorgung Wiens. 44 S., Grundwasserkarte. 1956. S 36.—.
H. 32/33 **Kresser, W.:** Die Hochwässer der Donau. 94 S., 24 Abb., 15 Diagramme, 7 Tabellen, 1 Niederschlagskarte. 1957. S 51.—.
H. 34 **Fritsch, J., W. Steinböck, A. Wogrin:** Fortschritte in der Betontechnik des Massenbetonbaues. 24 S., 12 Bildtaf., 4 Textabb., 1 Konstruktionsskizze. 1957. S 21.—.
H. 35 **Rotter, E.:** Anwendung von Spritzbeton. 44 S., 5 Abb., 19 Taf., 2 Maßzeichnungen im Anhang. 1958. S 42.—.
H. 36/37 **Grabmayr, P.:** Wasserrechtliche Entscheidungen 1953 bis 1957. 128 S. 1958. S 60.—.
H. 38 **Lanser, O.:** Beiträge zur Hydrologie der Gletschergewässer. 63 S, 4 Bilder, 3 Diagr., 11 Tab. 1959. S 45.—.
H. 39 **Fritsch, J., E. Tremmel, A. Wogrin:** Der VI. Kongreß der Internationalen Talsperrenkommission. 56 S., 14 Bilder. 1959. S 45.—.
H. 40 **Die Salzburger Tagung 1959.** 50-Jahrfeier des Österreichischen Wasserwirtschaftsverbandes. 104 S., 2 Bildtaf. 1959. S 48.—.

MIX
Papier aus verantwortungsvollen Quellen
Paper from responsible sources
FSC® C105338

If you have any concerns about our products,
you can contact us on
ProductSafety@springernature.com

In case Publisher is established outside the EU,
the EU authorized representative is:
**Springer Nature Customer Service Center GmbH
Europaplatz 3, 69115 Heidelberg, Germany**

Printed by Libri Plureos GmbH
in Hamburg, Germany